安全培训系列教材

U0645290

熔化焊接与热切割作业安全试题汇编

主编　张国磊
主审　许家勇

哈尔滨工程大学出版社
Harbin Engineering University Press

内 容 简 介

本书是熔化焊接与热切割作业人员安全技术培训教材。本书内容贴近生产实际,具有较高的可操作性和一定的实用价值。全书内容包括熔化焊接与热切割作业人员安全技术培训教学大纲和考核标准、熔化焊接与热切割实际操作考试标准、熔化焊接与热切割理论考试题目汇编、熔化焊接与热切割实际操作考试题目汇编四个部分。

本教材可作为熔化焊接与热切割作业人员安全技术培训教材,也可供相关人员参考使用。

图书在版编目(CIP)数据

熔化焊接与热切割作业安全试题汇编/张国磊主编.
—哈尔滨:哈尔滨工程大学出版社,2019.10
 ISBN 978 - 7 - 5661 - 2491 - 3

Ⅰ.①熔… Ⅱ.①张… Ⅲ.①熔焊—安全培训—习题集
②切割—安全培训—习题集 Ⅳ.①TG442 - 44 ②TG48 - 44

中国版本图书馆 CIP 数据核字(2019)第 234847 号

选题策划 史大伟 薛 力
责任编辑 薛 力
封面设计 李海波

出版发行 哈尔滨工程大学出版社
社　　址 哈尔滨市南岗区南通大街 145 号
邮政编码 150001
发行电话 0451 - 82519328
传　　真 0451 - 82519699
经　　销 新华书店
印　　刷 北京中石油彩色印刷有限责任公司
开　　本 787 mm × 1 092 mm 1/16
印　　张 6.75
字　　数 200 千字
版　　次 2019 年 10 月第 1 版
印　　次 2019 年 10 月第 1 次印刷
定　　价 25.00 元
http://www.hrbeupress.com
E-mail:heupress@ hrbeu.edu.cn

前　言

现阶段我国职业教育正在迅速发展,随着科技的进步,当代的新知识、新技术和新工艺越来越多地融入传统职业知识和技能中。我们本着"以就业为导向"的目标,以职业能力为依据,根据行业专家对熔化焊接与热切割作业人员安全技术培训的任务和职业能力的分析,结合双证融通技能考核要求编写本培训教材。

本书是熔化焊接与热切割作业人员安全技术培训教材。本书内容贴近生产实际,具有较高的可操作性和一定的实用价值。全书内容包括熔化焊接与热切割作业人员安全技术培训教学大纲和考核标准、熔化焊接与热切割实际操作考试标准、熔化焊接与热切割理论考试题目汇编、熔化焊接与热切割实际操作考试题目汇编四个部分。

在编写结构上,教材以现代社会要求熔化焊接与热切割作业人员安全技术必须掌握的几类主要技术能力为试题分类标准,由浅入深地组织试题内容,这样思路更清晰,更具有内容的独立性。

本教材由上海船厂技工学校张国磊编写,本教材在编写过程中得到校领导和有关专家的大力支持与帮助,在此谨向所有为本教材的出版做过贡献的人员表示感谢。

由于编者水平有限,加之时间仓促,教材中如有疏漏、不妥或错误,敬请读者指正。

编者

2019 年 10 月

目　　录

第一部分 熔化焊接与热切割作业人员安全技术培训教学大纲和考核标准

1. 范围

本标准规定了熔化焊接与热切割作业人员的基本条件、安全技术理论和实际操作的考核内容及方法。

本标准适用于中华人民共和国境内从事熔化焊接与热切割的作业人员。

2. 引用

下列标准所包含的条文,通过在本标准中引用而构成本标准的条文,本标准出版时,所示版本均有效。

GB 9448—1999　　　　　　　　　焊接与切割安全
GB/T 3375—94　　　　　　　　　 焊接术语
JB/T 10045.2—1999　　　　　　　 热切割术语和定义
GB/T 19805—2005/ISO 14732:1998　焊接操作工技能评定
GB/T 19867.1—2005　　　　　　　 电弧焊焊接工艺规范
GB/T 19867.2—2008　　　　　　　 气焊焊接工艺规范

3. 术语定义

熔化焊接与热切割作业包括气焊、焊条电弧焊与碳弧气刨、埋弧焊、气体保护焊、等离子弧焊、电渣焊、电子束焊、激光焊、氧熔剂切割、激光切割、等离子切割等作业。

3.1　气焊与气割

3.1.1　气焊

利用气体火焰作为热源的焊接法,最常用的是氧乙炔焊,近年来也有利用液化气或丙烷燃气的焊接。

3.1.2　气割

利用气体火焰的热能将工件切割处预热到一定温度后,喷出高速切割氧流,使其燃烧并放出热量实现切割的方法。

3.2　焊条电弧焊与碳弧气刨

3.2.1　焊条电弧焊

用手工操纵焊条进行电弧焊接。

3.2.2　碳弧气刨

使用碳棒与工件间产生的电弧将金属熔化,并用压缩空气将其吹掉,实现在金属表面上加工沟槽的方法。

3.3 埋弧焊

电弧在焊剂层下燃烧进行焊接的方法。

3.4 气体保护电弧焊

用外加气体作为电弧介质并保护电弧和焊接区的电弧焊(如氩弧焊、二氧化碳气体保护焊、混合气体保护焊等)。

3.4.1 氩弧焊

使用氩气作为保护气体的气体保护焊。

3.4.2 二氧化碳气体保护焊

利用二氧化碳作为保护气体的气体保护焊。

3.4.3 混合气体保护焊

由两种或两种以上气体,按一定比例组成的混合气体作为保护气体的气体保护焊。

3.5 等离子弧焊接与切割

3.5.1 等离子弧焊

利用水冷喷嘴对电弧的拘束作用,获得较高能量密度的等离子弧进行焊接的方法。

3.5.2 等离子弧切割

利用等离子弧的热能实现切割的方法。

3.6 其他熔化焊接与热切割

除上述以外的所有熔化焊接与热切割方法,如激光焊、电子束焊、堆焊、电渣焊、原子氢焊、激光切割、氧熔剂切割等。

3.6.1 激光焊

以聚集的激光束作为能源轰击焊件所产生的热量进行焊接的方法。

3.6.2 电子束焊

利用加速和聚集的电子束轰击置于真空或非真空的焊件所产生的热能进行焊接的方法。

3.6.3 堆焊

为增大或恢复焊件尺寸,或使焊件表面获得具有特殊性能的熔敷金属而进行的焊接。

3.6.4 电渣焊

利用电源通过液体熔渣所产生的电阻热进行焊接的方法。

3.6.5 原子氢焊

分子氢通过两个钨极之间的电弧热分解成原子氢,当其在焊件表面重新结合为分子氢时放出热量,以此为主要热源进行焊接的方法。

3.6.6 激光切割

利用激光束的热能实现切割的方法。

3.6.7 氧熔剂切割

在切割氧流中加入纯铁粉或其他熔剂,利用它们的燃烧热和造渣作用实现气割的方法。

4. 基本条件

4.1 年龄18周岁以上,并且不超过国家法定退休年龄。

4.2 初中(含)以上文化程度。

4.3　经社区或者县级以上医疗机构体检健康合格，矫正视力在 5.0 以上，并无妨碍从事高处作业的器质性心脏病、癫痫病、美尼尔氏症、眩晕症、癔病、震颤麻痹症、精神病、痴呆症，以及其他疾病和生理缺陷。

5. 培训内容

5.1　通用部分

指所有培训对象都应该接受培训的内容。

5.1.1　安全技术理论培训

5.1.1.1　安全生产法律法规与安全管理：

(1)我国安全生产方针；

(2)我国安全生产法律法规体系和安全生产基本法律制度；

(3)《中华人民共和国安全生产法》《安全生产许可证条例》等相关安全生产及管理的法律法规；

(4)焊接从业人员安全生产的权利与义务。

5.1.1.2　焊接与切割基础知识：

(1)焊接与切割概述；

(2)金属学及热处理基本知识；

(3)常用金属材料的一般知识；

(4)焊接与切割工艺基础知识。

5.1.1.3　焊接与切割安全用电：

(1)焊接与切割作业用电基本知识；

(2)焊接与切割设备的安全用电要求；

(3)常见焊接与切割操作中发生触电事故的原因及其防范措施；

(4)触电急救方法。

5.1.1.4　化学品的安全使用：

(1)工业常用酸、碱和有机溶剂的基本化学性质；

(2)工业常用酸、碱和有机溶剂在运输、储存、使用过程中的安全措施。

5.1.1.5　焊接和切割防火防爆：

(1)燃烧与爆炸的基础知识；

(2)焊接与切割作业中发生火灾、爆炸事故的原因及其防范措施；

(3)火灾、爆炸事故的紧急处理方法；

(4)灭火技术。

5.1.1.6　焊接与切割作业劳动卫生与防护：

(1)焊接与切割作业中有害因素的来源及其危害；

(2)焊接与切割作业劳动卫生防护措施；

(3)补焊化工设备作业中的防中毒措施。

5.1.1.7　特殊焊接与切割作业安全技术：

(1)化工及燃料容器、管道的焊补安全技术；

(2)登高焊接与切割的安全措施；

(3)水下焊接与切割作业安全技术。

5.1.2 实际操作训练

(1)个人防护用品的佩戴和使用；

(2)对焊接切割设备保护性接零(地)的检查；

(3)安全操作焊接与切割及其辅助设备；

(4)触电急救；

(5)火灾、爆炸事故紧急处理；

(6)消防器材的选择和使用；

(7)焊接与切割作业现场烟尘、有毒气体、射线等防护操作；

(8)焊接与切割作业前后工作场地及周围环境的安全性检查及不安全因素的排除。

5.2 气焊气割

拟从事气焊气割的作业人员除 5.1 节通用部分外，还应接受以下内容的培训。

5.2.1 安全技术理论培训

(1)气焊气割的基本原理、适用范围及其安全特点；

(2)气焊气割火焰及主要工艺参数选择；

(3)气焊气割常用气体的性质及其使用安全要求；

(4)乙炔发生器的使用安全要求；

(5)常用气瓶的结构和常见爆炸事故的原因及其在运输、储运、使用过程中的安全措施；

(6)输气管道常见燃烧爆炸的原因及其安全技术要求；

(7)焊炬、割炬、阻火装置及附件的结构、工作原理及其安全使用要求。

5.2.2 实际操作训练

(1)常用气瓶的识别及现场安全使用；

(2)乙炔发生器的安全操作、正确管理和维护；

(3)焊炬、割炬、阻火装置、减压器、胶管等附件的安全使用；

(4)对气焊、气割中有关爆炸、火灾、烧伤与烫伤和中毒事故的相应预防措施；

(5)对常用金属材料进行安全焊接操作。

5.3 焊条电弧焊与碳弧气刨

拟从事焊条电弧焊与碳弧气刨的作业人员除 5.1 节通用部分外，还应接受以下内容的培训。

5.3.1 安全技术理论培训

(1)焊条电弧焊与碳弧气刨的基本原理和适用范围；

(2)焊条电弧焊与碳弧气刨的安全特点；

(3)焊条和焊接参数的选用方法；

(4)焊条电弧焊与碳弧气刨设备的基本结构和工作原理；

(5)焊条电弧焊与碳弧气刨的操作规范和安全要求。

5.3.2 实际操作训练

(1)焊条电弧焊与碳弧气刨设备的操作使用和维护保养方法；

(2)焊条及其他焊接参数的选用；

(3)焊条电弧焊的基本操作；

(4)碳弧气刨的基本操作；

(5)对焊条电弧焊与碳弧气刨中有关触电、烧伤、烫伤、中毒、爆炸及火灾事故采取的相应预防措施。

5.4 埋弧焊

拟从事埋弧焊的作业人员除5.1通用部分外,还应接受以下内容的培训。

5.4.1 安全技术理论培训

(1)埋弧焊工作原理及特点;

(2)埋弧焊设备的基本结构和工作原理;

(3)常用焊接材料(焊丝、焊剂)的分类和型号,焊接材料和焊接参数的选择;

(4)埋弧焊的基本操作规范和安全要求。

5.4.2 实际操作训练

(1)辨识埋弧焊设备的主要组成部分;

(2)焊接设备的操作使用和维护保养;

(3)对埋弧焊中的触电、机械伤害等事故的发生采取的相应预防措施;

(4)常用低合金钢板－板对接埋弧焊操作,其中包括对焊接参数及设备进行调整;

(5)常用低合金钢板－管对接水平固定焊条电弧焊的安全操作。

5.5 氩弧焊

拟从事氩弧焊的作业人员除5.1节通用部分外,还应接受以下内容的培训。

5.5.1 安全技术理论培训

(1)氩弧焊的原理、分类、适用范围及其安全特点;

(2)氩气性质与氩气瓶的安全使用要求;

(3)常用焊接材料的型号和用途,焊接材料和焊接参数的选择;

(4)氩弧焊的设备组成和工作原理;

(5)氩弧焊的操作规范和安全要求。

5.5.2 实际操作训练

(1)辨识氩弧焊所用设备的主要组成部分;

(2)氩弧焊设备的操作使用和维护保养;

(3)对氩弧焊中有关触电、弧光灼伤、高频损伤及放射性损伤等伤害采取的相应预防措施;

(4)低合金钢板－板及管－管的钨极氩弧焊打底与焊接操作。

5.6 二氧化碳气体保护焊和混合气体保护焊

拟从事二氧化碳气体保护焊和混合气体作业人员除5.1节通用部分外,还应接受以下内容的培训。

5.6.1 安全技术理论培训

(1)二氧化碳气体保护焊、混合气体保护焊的原理、适用范围及其安全特点;

(2)常用保护气体(二氧化碳、氩气、氧气)的性质;

(3)常用焊接材料的型号和用途,焊接材料和焊接参数的选择与使用原则;

(4)二氧化碳气体保护焊、混合气体保护焊的操作规范和安全要求。

5.6.2 实际操作训练

(1)辨识二氧化碳气体保护焊、混合气体保护焊设备的主要组成部分;

(2)二氧化碳气体保护焊、混合气体保护焊设备的操作使用和维护保养;

（3）对气体保护电弧焊中有关触电、弧光灼伤、飞溅、高频损伤及放射性损伤等伤害采取的相应预防措施；

（4）低合金钢板－板及管－管的二氧化碳气体保护焊气体保护焊或富氩混合气体保护焊的操作。

5.7 等离子弧焊与切割

拟从事等离子弧焊与切割作业人员除 5.1 节通用部分外，还应接受以下内容的培训。

5.7.1 安全技术理论培训

（1）等离子弧焊的特点、类型、原理、适用范围及其安全特点；

（2）等离子弧焊基本方法与设备组成；

（3）等离子弧焊工艺参数与选择；

（4）等离子弧切割工作原理与切割设备的组成；

（5）等离子弧切割工艺参数与选择；

（6）等离子弧焊接和切割安全防护技术，如防电击、防电弧光辐射、防灰尘与烟气、防噪声、防高频等。

5.7.2 实际操作训练

（1）等离子弧焊、等离子弧切割的操作使用和维护保养方法；

（2）等离子弧焊、等离子弧切割工艺参数的选择；

（3）等离子弧焊的基本操作；

（4）等离子弧切割的基本操作；

（5）针对等离子弧焊接和切割过程中出现的电击、电弧光辐射、灰尘与烟气、噪声、高频等危害所采取的相应防护措施。

5.8 堆焊

拟从事堆焊的作业人员除 5.1 节通用部分外，还应接受以下内容的培训。

5.8.1 安全技术理论培训

（1）堆焊的特点、类型、原理、适用范围及其安全特点；

（2）堆焊的设备构成；

（3）堆焊工艺参数的选择、操作规范与安全要求。

5.8.2 实际操作训练

（1）堆焊设备主要组成部分的识别、操作使用和维护保养方法；

（2）对堆焊中发生的电击、电弧光辐射、灰尘与烟气、噪声、高频等危害所采取的相应防护措施。

5.9 电子束焊与激光焊

拟从事电子束焊与激光焊的作业人员除 5.1 节通用部分外，还应接受以下内容的培训。

5.9.1 安全技术理论培训

（1）电子束焊、激光焊的原理、分类、特点与应用；

（2）电子束焊、激光焊设备的组成与选用；

（3）电子束焊的安全与防护；

（4）激光对人体健康的危害以及激光的安全与防护。

5.9.2 实际操作训练

（1）识别激光焊、电子束焊的主要组成部分；

（2）激光焊、电子束焊主要焊接参数及其选择；

（3）典型材料的激光焊与电子束焊；

（4）在操作电子束焊机时防止高压电击、X射线、可见光辐射以及烟气对身体伤害的措施；

（5）激光加工过程中人体眼睛、皮肤的保护措施以及对有毒金属烟尘、臭氧的相应防护措施。

5.10　其他熔化焊接与热切割

对电渣焊、氧熔剂切割、激光切割、铝热焊、水下焊接等其他熔化焊接与切割作业人员，为满足本大纲2规定之目的，在保证总学时数的前提下，培训内容除5.1节通用部分外，还应结合本操作项目的实际情况，增加选学内容。

6.考核标准

6.1　考核分安全技术理论和实际操作两部分，经安全技术理论考核合格后，方可进行实际操作考核。

6.2　安全技术理论考核方式为笔试，时间为90分钟。笔试可以包括答卷、网络计算机考试等形式。

6.3　实际操作、口试等，可选2~3个实操项目进行考试。

6.4　安全技术理论考核和实际操作考核均采用百分制，60分及以上者为及格，不及格者允许补考一次，补考不及格需重新培训。

6.5　考核要点的深度分为了解、熟悉和掌握三个层次，分别按20%、30%、50%的比例进行考核。

三个层次由低到高，高层次的要求包括低层次的要求。

·了解：能正确理解本标准所列知识的含义、内容并能够应用。

·熟悉：对本标准所列知识有较深的认识，能够分析、解释并能够用相关知识解决问题。

·掌握：对本标准所列知识有全面、深刻的认识，能够综合分析、解决较为复杂的相关问题。

7.考核内容及要求

7.1　安全技术理论通用部分

指所有从事熔化焊接与热切割的作业人员都应考核的安全技术理论知识。

7.1.1　安全生产法律法规与安全管理

（1）了解我国安全生产方针；

（2）了解我国安全生产法律法规体系和安全生产基本法律制度；

（3）了解《中华人民共和国安全生产法》《安全生产许可证条例》等相关安全生产及管理的法律法规；

（4）熟悉焊接从业人员安全生产的权利与义务。

7.1.2　熔化焊接与热切割基础知识

（1）了解熔化焊接与热切割技术的应用和发展概况，熟悉熔化焊接与热切割的方法和分类；

（2）了解金属学及热处理一般知识；

（3）了解金属材料的性能及常用金属材料的分类、编号；

(4)掌握熔化焊接与热切割工艺基础知识。

7.1.3　熔化焊接与热切割安全用电

(1)了解熔化焊接与热切割安全用电基本知识;

(2)了解常见熔化焊接与热切割操作中发生触电事故的原因,熟练掌握其防范措施;

(3)掌握熔化焊接与热切割设备安全用电要求;

(4)掌握触电急救方法。

7.1.4　化学品的安全使用

(1)熟悉工业常用酸、碱和有机溶剂的基本化学性质;

(2)掌握工业常用酸、碱和有机溶剂在运输、储存、使用过程中的安全措施。

7.1.5　熔化焊接与热切割作业防火防爆

(1)了解熔化焊接与热切割作业中发生火灾、爆炸事故的原因,熟练掌握其防火防爆措施;

(2)掌握燃烧与爆炸基础知识;

(3)掌握火灾、爆炸事故的紧急处理方法;

(4)掌握灭火技术。

7.1.6　熔化焊接与热切割劳动卫生与防护

(1)了解熔化焊接与热切割作业环境中有害因素及其来源,认识其危害;

(2)熟练掌握熔化焊接与热切割作业中的劳动卫生防护技术;

(3)熟练掌握焊补化工设备作业中的防中毒措施。

7.1.7　特殊熔化焊接与热切割作业安全技术

(本章内容要求应根据所从事作业的实际情况而定,直接从事其作业的人员应熟练掌握,其他人员了解即可。)

(1)燃烧容器、管道的焊补安全技术;

(2)登高熔化焊接与热切割作业安全措施;

(3)水下熔化焊接与热切割作业安全技术。

7.2　实际操作通用部分

指所有从事熔化焊接与热切割的作业人员都应考虑的实际操作技能。

7.2.1　能够正确佩戴和使用个人劳动防护用品。

7.2.2　熟练检查熔化焊接与热切割设备保护性接零(地)线。

7.2.3　熟练操作焊接及其辅助设备。

7.2.4　熟练进行熔化焊接与热切割作业烟尘、有毒气体、射线等的现场防护操作。

7.2.5　能够在熔化焊接与热切割作业前后对工作场地及周围环境进行安全性检查并排除不安全因素。

7.2.6　熟练选择和使用消防器材。

7.3　气焊与气割作业

拟从事气焊与气割的作业人员除 7.1 节安全技术理论通用部分和 7.2 节实际操作通用部分外,还应考核以下内容。

7.3.1　气焊与气割实际操作

(1)了解气焊与气割基本原理和适用范围,掌握其安全特点;

(2)了解常用气体的性质,熟练掌握其使用安全要求;

(3)了解常用气瓶结构,熟练掌握其搬运、储运、使用安全技术;

（4）掌握气焊与气割火焰及主要工艺参数选择；

（5）掌握乙炔发生器安全使用要求；

（6）掌握输气管道的安全检查方法；

（7）掌握焊炬、割炬、阻火装置及附件的结构，熟练掌握其安全使用要求。

7.3.2　气焊与气割实际操作

（1）熟练操作氧气瓶、溶解乙炔瓶和液化石油气瓶；

（2）能够安全操作、正确维护乙炔发生器；

（3）能够对气焊、气割中有关爆炸、火灾、烧伤与烫伤和中毒事故采取相应的预防措施；

（4）能够用氧－乙炔或液化石油气对常用金属材料进行安全焊接操作，能根据工件情况选用焊炬或割炬并会对气体火焰及有关参数进行调整；

（5）熟练使用焊炬、割炬、回火防止器、减压器、胶管等附件。

7.4　焊条电弧焊与碳弧气刨作业

拟从事焊条电弧焊与碳弧气刨的作业人员除7.1节安全技术理论通用部分和7.2节实际操作通用部分外，还应考核以下内容。

7.4.1　焊条电弧焊与碳弧气刨安全技术理论

（1）了解焊条电弧焊与碳弧气刨的基本原理和适用范围；

（2）了解焊条的型号及焊条和焊接参数的正确选用方法；

（3）了解焊条电弧焊与碳弧气刨设备的基本结构和工作原理；

（4）熟练掌握焊条电弧焊与碳弧气刨的安全特点；

（5）熟练掌握焊条电弧焊与碳弧气刨的操作规范和安全要求。

7.4.2　焊条电弧焊与碳弧气刨实际操作

（1）能够对焊条电弧焊与碳弧气刨中有关触电、烧伤、烫伤、中毒、爆炸及火灾事故采取相应的预防措施；

（2）掌握常用氩弧焊工艺，如左焊、右焊、平焊、上坡焊、下坡焊、立焊、横焊等，了解仰焊、单焊双面成形等工艺手法；

（3）熟练操作常用的交流与直流焊条电弧焊设备和碳弧气刨设备；

（4）熟练操作碳弧气刨。

7.5　埋弧焊作业

拟从事埋弧焊的作业人员除7.1节安全技术理论通用部分和7.2节实际操作通用部分外，还应考核以下内容。

7.5.1　埋弧焊安全技术理论

（1）了解埋弧焊基本原理及特点；

（2）了解常用埋弧焊的焊接材料（焊丝、焊剂等）的分类、型号及焊接材料和焊接参数的正确选择；

（3）了解常用埋弧焊设备的基本结构和工作原理；

（4）熟练掌握埋弧焊基本操作规范及安全要求。

7.5.2　埋弧焊实际操作

（1）能够辨识埋弧焊设备的主要组成部分；

（2）能够对埋弧焊中的触电、机械伤害等事故的发生采取相应的预防措施；

（3）熟练进行常用低合金钢板－板对接埋弧焊操作，其中包括对焊接参数及设备进行调整；

（4）熟练进行常用低合金钢管－管对接水平固定焊条电弧焊操作。

7.6 氩弧焊

拟从事氩弧焊的作业人员除7.1节安全技术理论通用部分和7.2节实际操作通用部分外,还应考核以下内容。

7.6.1 安全技术理论培训

（1）了解氩弧焊的原理、分类、适用范围及其安全特点;

（2）了解氩弧焊的设备组成和工作原理;

（3）熟悉氩气性质与氩气瓶的安全使用要求;

（4）熟悉常用焊接材料的型号和用途,焊接材料和焊接参数的选择;

（5）掌握氩弧焊的操作规范和安全要求。

7.6.2 实际操作训练

（1）能够辨识氩弧焊所用设备的主要组成部分;

（2）熟悉氩弧焊设备的操作使用和维护保养;

（3）能够对氩弧焊中有关触电、弧光灼伤、高频损伤及放射性损伤等伤害采取相应的预防措施;

（4）熟练进行低合金钢板－板及管－管的钨极氩弧焊打底与焊接操作。

7.7 二氧化碳气体保护焊和混合气体保护焊

拟从事二氧化碳气体保护焊和混合气体保护焊的作业人员除7.1节安全技术理论通用部分和7.2节实际操作通用部分外,还应考核以下内容。

7.7.1 安全技术理论培训

（1）了解二氧化碳气体保护焊、混合气体保护焊的原理、使用范围及其安全特点;

（2）了解常用保护气体（二氧化碳、氩气、氧气）的性质;

（3）熟悉常用焊接材料的型号和用途,焊接材料和焊接参数的选择与使用原则;

（4）掌握二氧化碳气体保护焊、混合气体保护焊的操作规范和安全要求。

7.7.2 实际操作训练

（1）能够辨识二氧化碳气体保护焊、混合气体保护焊设备的主要组成部分;

（2）熟悉二氧化碳气体保护焊、混合气体保护焊设备的操作使用和维护保养;

（3）能够对气体保护电弧焊中有关触电、弧光灼伤、飞溅、高频损伤及放射性损伤等伤害采取有效的相应预防措施;

（4）熟练进行低合金钢板－板及管－管的二氧化碳气体保护焊或富氩混合气体保护焊的操作。

7.8 等离子弧焊接与切割作业

拟从事等离子弧焊接与切割的作业人员除7.1节安全技术理论通用部分和7.2节实际操作通用部分外,还应考核以下内容。

7.8.1 等离子弧焊接与安全技术理论

（1）了解等离子弧焊接与切割的基本原理、分类和适用范围,掌握其安全特点;

（2）了解等离子弧焊接与切割的使用特性,掌握等离子弧焊接与切割的主要工艺参数的选择;

（3）了解等离子弧焊接与切割设备的基本结构和工作原理;

（4）熟练掌握等离子弧焊接与切割作业的操作规范和安全要求。

7.8.2 等离子弧焊接与切割实际操作

(1)能够辨识等离子弧焊接与切割所用设备的主要组成部分；

(2)能够对等离子弧焊接与切割中有关触电、辐射、灰尘、烟气、噪声等伤害采取相应的预防措施；

(3)熟练进行等离子弧焊接与切割操作。

7.9 堆焊

拟从事堆焊的作业人员除7.1节安全技术理论通用部分和7.2节实际操作通用部分外,还应考核以下内容。

7.9.1 安全技术理论培训

(1)了解堆焊的特点、类型、原理、适用范围,掌握其安全要求；

(2)了解堆焊的设备构成；

(3)熟悉堆焊工艺参数的选择、操作规范,并掌握安全要求。

7.9.2 实际操作训练

(1)能够对堆焊设备主要组成部分进行识别,熟练操作使用和维护保养方法；

(2)能够对堆焊中发生的电击、电弧光辐射、灰尘与烟气、噪声、高频等危害采取相应的有效防护措施。

7.10 电子束焊与激光焊

拟从事电子束焊与激光枪的作业人员除7.1节安全技术理论通用部分和7.2节实际操作通用部分外,还应考核以下内容。

7.10.1 安全技术理论培训

(1)了解电子束焊、激光焊的原理、分类、特点与应用；

(2)了解电子束焊、激光焊设备的组成与选用；

(3)了解激光对人体健康的危害以及掌握激光的安全与防护；

(4)掌握电子束焊的安全与防护。

7.10.2 实际操作训练

(1)能够识别激光枪、电子束焊的主要组成部分；

(2)了解激光枪、电子束焊主要焊接参数及其选择；

(3)熟悉典型材料的激光焊与电子束焊；

(4)掌握在操作电子束焊机时防止高压电击、X射线、可见光辐射以及烟气对身体伤害的措施；

(5)掌握在激光加工过程中对人体眼睛、皮肤的保护措施以及对有毒金属烟尘、臭氧的相应防护措施。

7.11 其他熔化焊接与热切割作业

对于电渣焊、氧熔剂切割、激光切割、铝热焊、水下焊接等其他项目的熔化焊接与热切割作业人员,除7.1节安全技术理论通用部分和7.2节实际操作通用部分外,还应结合本岗位情况,增加与本操作项目相应的考核内容。具体内容由各省、自治区、直辖区安全生产监督管理部门确定。

8. 复审培训内容

8.1 典型事故案例分析。

8.2 有关安全生产方面的新法律、法规,以及新的焊接国家标准、行业标准、规程和规范。

8.3 有关焊接与切割方面的新技术、新工艺、新材料。

8.4 对取证后或上次复审后个人安全生产情况和经验教训进行回顾总结。

9. 复审考核内容及要求

9.1 了解有关安全生产方面的新法律、法规,以及新的焊接国家标准、行业标准、规程和规范。

9.2 了解有关焊接方面的新技术、新工艺、新材料。

9.3 通过典型事故案例分析,掌握典型事故的致因及同类事故的防范措施。

10. 课时安排

10.1 每一操作项目的培训时间不少于100学时,其中实际操作训练时间应不少于40学时。具体章节课时安排参考见附表1－1。

10.2 复审培训时间不少于8学时,具体章节课时安排参考见附表1－2。

附表1－1　熔化焊接与热切割作业人员培训课时安排

项目	培训内容	学时		
		安全理论培训	实际操作训练	合计
通用部分（共88学时）	安全生产法律法规与安全管理	8	0	8
	焊接与切割基础知识	8	4	12
	焊接与切割安全用电	8	4	12
	化学品的安全使用	2	4	6
	焊接与切割作业防火防爆	8	8	16
	焊接与切割作业劳动卫生与防护	12	4	16
	通用熔化焊与热切割工艺	8	8	16
	特殊焊接与切割作业安全技术	2	0	2
	合计	56	32	88
选学部分（共16学时）	气焊气割	8	8	16
	焊条电弧焊与碳弧气刨、切割	8	8	16
	埋弧焊	8	8	16
	氩弧焊	8	8	16
	二氧化碳气体保护焊与混合气体保护焊	8	8	16
	等离子弧焊与切割	8	8	16
	堆焊	8	8	16
	电子束焊与激光枪	8	8	16
	特殊焊接与切割	8	8	16
复习	综合讲解	2		2
考试	考试	2		2
合计	合计	68	40	108

附表 1 - 2　熔化焊接与热切割作业人员复审培训课时安排

项目	培训内容	学时
复审培训	典型事故案例分析 有关安全生产方面的新法律、法规、以及新的焊接国家标准、行业标准、规程和规范 有关焊接与切割方面的新技术、新工艺、新材料 对取证后或上次复审后个人安全生产情况和经验教训进行回顾总结	不少于 8 学时
	复习	
	考试	
合计		

第二部分 熔化焊接与热切割作业安全技术实际操作考试标准

1. 制定依据

《熔化焊接与热切割作业安全技术培训大纲及考核标准》。

2. 考试方式

采取实际操作、仿真模拟操作、口述。

3. 考试要求

3.1 实操科目及内容

3.1.1 科目1:安全用具使用(简称 K1)

3.1.1.1 焊条电弧焊劳动防护用品的选用(简称 K11)

3.1.1.2 二氧化碳焊劳动防护用品的选用(简称 K12)

3.1.1.3 氩弧焊劳动防护用品的选用(简称 K13)

3.1.1.4 气焊(割)劳动防护用品的选用(简称 K14)

3.1.2 科目2:安全操作技术(简称 K2)

3.1.2.1 焊条电弧焊安全操作技术(简称 K21)

3.1.2.2 二氧化碳焊安全操作技术(简称 K22)

3.1.2.3 氩弧焊安全操作技术(简称 K23)

3.1.2.4 气焊(割)安全操作技术(简称 K24)

3.1.3 科目3:作业现场安全隐患排除(简称 K3)

3.1.3.1 根据设置作业现场、图片或视频判断作业现场存在的安全风险、职业危害(简称 K31)

3.1.4 科目4:作业现场应急处置(简称 K4)

3.1.4.1 单人徒手心肺复苏操作(简称 K41)

3.1.4.2 灭火器的选择和使用(简称 K42)

3.2 组卷方式

实操试卷从上述四类考题中,各抽取一道实操题组成。具体题目由考试系统或考生抽取产生。

3.3 考试成绩

实操考试成绩总分值为100分,80分(含)以上为考试合格;若考题中设置有否决项,否决项未通过,则实操考试不合格。科目1、科目2、科目3、科目4 的分值权重分别为20% 、40% 、20% 、20% 。

3.4 考试时间

60分钟。

4. 考试内容

4.1 安全用具使用

4.1.1 焊条电弧焊劳动防护用品的选用

4.1.1.1 考试方式

实际操作。

4.1.1.2 考试时间

15分钟。

4.1.1.3 安全操作步骤

(1)从不同的防护用品中挑选出焊条电弧焊的防护用品；

(2)正确穿戴。

4.1.1.4 评分标准

K11 焊条电弧焊劳动防护用品的选用　　考试时间:15分钟

序号	考试项目	考试内容	配分	评分标准
1	劳动防护用品的选择	选择劳动防护用品	40	防护面罩、滤光片、防尘口罩及防毒面罩、噪声防护用品、防护工作服、焊工手套、工作鞋及鞋盖、安全帽、安全带等,每选错一项扣5分
2	劳动防护用品的穿戴	正确穿戴劳动防护用品	60	未正确穿戴劳动防护用品,每项扣10分
3	合计		100	

4.1.2 二氧化碳焊劳动防护用品的选用

4.1.2.1 考试方式

实际操作。

4.1.2.2 考试时间

15分钟。

4.1.2.3 安全操作步骤

(1)从不同的防护用品中挑选出二氧化碳焊的防护用品；

(2)正确穿戴。

4.1.2.4 评分标准

K12 二氧化碳焊劳动防护用品的选用　　考试时间:15分钟

序号	考试项目	考试内容	配分	评分标准
1	劳动防护用品的选择	选择劳动防护用品	40	防护面罩、滤光片、防尘口罩及防毒面罩、噪声防护用品、防护工作服、焊工手套、工作鞋及鞋盖、安全帽、安全带等,每选错一项扣5分
2	劳动防护用品的穿戴	正确穿戴劳动防护用品	60	未正确穿戴劳动防护用品,每项10分
	合计		100	

4.1.3 氩弧焊劳动防护用品的选用

4.1.3.1 考试方式

实际操作。

4.1.3.2 考试时间

15 分钟。

4.1.3.3 安全操作步骤

(1)从不同的防护用品中挑选出氩弧焊的防护用品;

(2)正确穿戴。

4.1.3.4 评分标准

K13 氩弧焊劳动防护用品的选用   考试时间:15 分钟

序号	考试项目	考试内容	配分	评分标准
1	劳动防护用品的选择	选择劳动防护用品	40	防护面罩、滤光片、防尘口罩及防毒面罩、噪声防护用品、防护工作服、焊工手套、工作鞋及鞋盖、安全帽、防火安全带等,每选错一项扣 5 分
2	劳动防护用品的穿戴	正确穿戴劳动防护用品	60	未正确穿戴劳动防护用品,每项扣 10 分
3	合计		100	

4.1.4 气焊(割)劳动防护用品的选用

4.1.4.1 考试方式

实际操作。

4.1.4.2 考试时间

15 分钟

4.1.4.3 安全操作步骤

(1)从不同的防护用品中挑选出气焊(割)的防护用品;

(2)正确穿戴。

4.1.4.4 评分标准

K14 气焊(割)劳动防护用品的选用   考试时间:15 分钟

序号	考试项目	考试内容	配分	评分标准
1	劳动防护用品的选择	选择劳动防护用品	40	防护面罩、焊接防护镜片、护目镜、防尘口罩及防毒面罩、噪声防护用品、防护工作服、焊工手套、工作鞋及鞋盖、安全帽、安全带等,每选错一项扣 5 分
2	劳动防护用品的穿戴	正确穿戴劳动防护用品	60	未正确穿戴劳动防护用品,每项扣 10 分
3	合计		100	

4.2　安全操作技术

4.2.1　焊条电弧焊安全操作技术

4.2.1.1　考试方式

实际操作、仿真模拟操作。

4.2.1.2　考试时间

20分钟。

4.2.1.3　安全操作步骤

(1)按要求正确穿戴好劳动防护用品;

(2)开展焊前检查工作;

(3)安全送电以及检查焊机运行情况;

(4)一切正常时,焊接一段150 mm长的焊缝(可以是对接缝或角接缝)。

(5)焊接结束后的收尾工作。

4.2.1.4　评分标准

K21 焊条电弧焊安全操作技术　　考试时间:20分钟

序号	考试项目	考试内容	配分	评分标准
1	焊条电弧焊安全操作技术	焊前检查	20	进行焊前检查工作,对电源线、二次线的绝缘及防护,焊机的外壳及工作台的保护接地,焊机裸露导电部位的防护,焊机合格证标识,特殊环境下施焊的作业票及防范措施的落实,针对天气状况的安全措施落实等情况进行检查核对,未进行每项扣4分
		焊机运行情况检查	10	穿戴焊工手套、规范操作、接通电源开关,未按要求执行每项扣5分
		焊接安全操作	55	按照焊接安全操作规程进行操作,劳保用品穿戴正确,焊件放置平稳、牢固,特殊环境施焊采取措施,施焊作业熟练、规范等。不符合每项扣5分
		焊后场地清理	15	工作结束,检查场地,灭绝火种,切断电源,将焊件、工机具、剩余焊材摆放到指定地点,清理现场环境卫生等,未进行每项扣3分
2	否定项	否定项说明	扣除该题分数	未穿戴防护手套或焊工防护鞋,不准继续操作,终止该项目的考试
3	合计		100	

4.2.2　二氧化碳焊安全操作技术

4.2.2.1　考试方式

实际操作、仿真模拟操作。

4.2.2.2　考试时间

20分钟

4.2.2.3　安全操作步骤

(1)按要求正确穿戴好劳动防护用品;

(2)开展焊前检查工作;

(3)安全送电以及检查焊机运行情况;

(4)焊接一段150mm长的焊缝(可以是对接缝或角接缝);

(5)焊接结束后的收尾工作。

4.2.2.4　评分标准

K22 二氧化碳焊安全操作技术　　考试时间:20分钟

序号	考试项目	考试内容	配分	评分标准
1	二氧化碳焊安全操作技术	焊前检查	20	进行焊前检查工作,对电源线、二次线的绝缘及防护,焊机的外壳及工作台的保护接地,焊机裸露导电部位的防护,焊机合格证标识,供气系统、气瓶及其附件,特殊环境下施焊的作业票及防范措施的落实,针对天气状况的安全措施落实等情况进行检查核对,未进行每项扣4分
		焊机运行情况检查	10	穿戴焊工手套,规范操作、接通电源开关,未按要求执行每项扣5分
		焊接安全操作	55	按照焊接安全操作规程进行操作,劳保用品穿戴正确,焊件放置平稳、牢固,特殊环境施焊采取措施,施焊作业熟练、规范等。不符合每项扣5分
		焊后场地清理	15	工作结束,检查场地,灭绝火种,切断电源、气源,将焊件、工机具、剩余焊材摆放到指定地点,清理现场环境卫生等,未进行每项扣3分
2	否定项	否定项说明	扣除该题分数	未穿戴防护手套或焊工防护鞋,不准继续操作,终止该项目的考试
3	合计		100	

4.2.3　氩弧焊安全操作技术

4.2.3.1　考试方式

实际操作、仿真模拟操作。

4.2.3.2　考试时间

20分钟。

4.2.3.3　安全操作步骤

(1)按要求正确穿戴好劳动防护用品;

(2)开展焊前检查工作;

(3)安全送电以及检查焊机运行情况;

(4)焊接一段150 mm长的焊缝(可以是对接缝或角接缝);

(4)焊接结束后的收尾工作。

4.2.3.4 评分标准

K23 氩弧焊安全操作技术　　考试时间:20 分钟

序号	考试项目	考试内容	配分	评分标准
1	氩弧焊安全操作技术	焊前检查	20	进行焊前检查工作,对电源线、二次线的绝缘及防护,焊机的外壳及工作台的保护接地,焊机裸露导电部位的防护,焊机合格证标识,供气系统、气瓶及其附件,特殊环境下施焊的作业票及防范措施的落实,针对天气状况的安全措施落实等情况进行检查核对,未进行每项扣4分
		焊机运行情况检查	10	穿戴焊工手套,规范操作、接通电源开关,未按要求执行每项扣5分
		焊接安全操作	55	按照焊接安全操作规程进行操作,劳保用品穿戴正确,焊件放置平稳、牢固,特殊环境施焊采取措施,施焊作业熟练、规范等。不符合每项扣5分
		焊后场地清理	15	工作结束,检查场地,灭绝火种,切断电源、气源,将焊件、工机具、剩余焊材摆放到指定地点,清理现场环境卫生等,未进行每项扣3分
2	否定项	否定项说明	扣除该题分数	未穿戴防护手套或焊工防护鞋,不准继续操作,终止该项目的考试
3	合计		100	

4.2.4 气焊(割)安全操作技术

4.2.4.1 考试方式

实际操作、仿真模拟操作。

4.2.4.2 考试时间

20 分钟。

4.2.4.3 安全操作步骤

(1)按要求正确穿戴好劳动防护用品;

(2)开展焊前检查工作;

(3)焊接一段 150 mm 长的焊缝(可以是对接缝或角接缝);

(4)焊接结束后的收尾工作。

4.2.4.4 评分标准

K24 气焊(割)安全操作技术　考试时间:20分钟

序号	考试项目	考试内容	配分	评分标准
1	气焊(割)安全操作技术	焊前检查	30	进行焊前检查工作,对供气系统(管路)连接是否严密、气瓶及其附件是否完好,焊枪或割枪枪体是否完好,特殊环境下施焊的作业票及防范措施的落实,针对天气状况的安全措施落实等情况进行检查核对,应对焊枪(割枪)射吸能力进行检查,未进行的,每项扣5分
		气焊(割)安全操作	40	按照气焊(割)安全操作规程进行操作,劳保用品穿戴正确,焊件放置平稳、牢固,特殊环境施焊采取措施,点火与熄火时乙炔阀、氧气阀的开启与关闭顺序,发生回欠现象的正确处理,气焊(割)作业熟练、规范等。不符合的,每项扣5分
		焊后场地清理	30	工作结束,检查场地,灭绝火种,切断气源,将工件、工机具摆放到指定地点,清理现场环境卫生等,未进行每项扣5分
2	合计		100	

4.3　作业现场安全隐患排除

4.3.1　判断作业现场存在的安全风险、职业危害

4.3.1.1　考试方式

实际操作、仿真模拟操作、口述。

4.3.1.2　考试时间

10分钟。

4.3.1.3　安全操作步骤

(1)认真阅读考官提供的作业现场、图片或视频。

(2)指出其中存在的安全风险和和职业危害,比如:

①在作业点5 m范围内摆放氧气瓶、乙炔气瓶、汽油桶、油漆桶等易燃易爆物品;

②将焊钳置于焊机或工件面上;

③焊钳损坏或焊线破损裸露;

④乙炔表上是否配置回火装置;

⑤将发热焊钳置于水中冷却后,马上取出进行焊接;

⑥乙炔、氧气管没有从气瓶上拆除;

⑦焊接现场有水时,没有采取其他防护措施直接进行焊接;

⑧戴平光眼镜进行气焊、气割作业;

⑨背靠或坐在金属支架上进行焊接;

⑩焊接时身体碰触到焊机;

⑪在水泥地面上直接进行气焊、气割作业;

⑫氧、乙炔瓶之间的距离较近,不符合安全要求;

⑬使用粘有油污的扳手开启氧气瓶。

4.3.1.4 评分标准

K31 判断作业现场存在的安全风险、职业危害 考试时间:10 分钟

序号	考试项目	考试内容	配分	评分标准
1	判断作业现场存在的安全风险、职业危害	观察作业现场、图片或视频明确作业任务或用电环境	25	通过观察作业现场、图片或视频,口述其中的作业任务或用电环境,不正确扣 5～25 分
		安全风险和职业危害判断	75	口述其中存在的安全风险及职业危害,少指出一个,扣 15 分
2	合计		100	

4.4 作业现场应急处置
4.4.1 单人徒手心肺复苏操作
4.4.2 灭火器的选择和使用

第三部分 熔化焊接与热切割理论考试题目汇编

一、是非题

1. 氢氧化钠不能腐蚀铝性物质。（　　　）
A. 对　　　　　　　　　B. 错

2. 氢氧化钠可以腐蚀塑料。（　　　）
A. 对　　　　　　　　　B. 错

3. 盐酸是清除水垢、锈垢最常用的溶液。（　　　）
A. 对　　　　　　　　　B. 错

4. 硫酸对人体和设备有危险,稀释时要向水中加酸,并搅拌,不能向酸中加水,以防飞溅。（　　　）
A. 对　　　　　　　　　B. 错

5. 大量酸碱泄漏只需用砂土,可与酸碱中和的物质混合,也可用大量水冲洗,水稀释后放入废水系统。（　　　）
A. 对　　　　　　　　　B. 错

6. 氢氧化钠不能用作干燥剂。（　　　）
A. 对　　　　　　　　　B. 错

7. 硝酸对铁有钝化作用,能减慢腐蚀。（　　　）
A. 对　　　　　　　　　B. 错

8. 从开关板到焊机的导线并非愈短愈好。（　　　）
A. 对　　　　　　　　　B. 错

9. 其他条件相同的状态下,人体电阻在干燥与潮湿状态下电阻值一样。（　　　）
A. 对　　　　　　　　　B. 错

10. 在推拉电源闸刀开关时,必须戴绝缘手套,同时头部需偏斜。（　　　）
A. 对　　　　　　　　　B. 错

11. 对于多数熔化焊设备而言,馈电母线是否合适的决定性因素是允许的电压降,无须考虑发热因素。（　　　）
A. 对　　　　　　　　　B. 错

12. 焊工在操作时不应穿有铁钉的鞋,可以穿布鞋。（　　　）
A. 对　　　　　　　　　B. 错

13. 雨天穿用的胶鞋,在进行熔化焊作业时也可暂作绝缘鞋使用。（　　　）
A. 对　　　　　　　　　B. 错

14. 在光线不足的较暗环境焊接,必须使用手提工作行灯。一般环境,使用的照明灯电

压不超过 36 V。在潮湿、金属容器等危险环境,照明行灯电压不得超过 16 V。( )

A. 对　　　　　　　　　B. 错

15. 焊机可以和大吨位冲压机相邻安装。( )

A. 对　　　　　　　　　B. 错

16. 焊机的接地电阻可用打入地下深度不小于 1 m,电阻不大于 4 Ω 的铜棒或铜管做接地板。( )

A. 对　　　　　　　　　B. 错

17. 熔化焊大电流测量仪可显示出电流值及时间值。( )

A. 对　　　　　　　　　B. 错

18. 采用心脏复苏法抢救 5 分钟后,触电人员仍未恢复心跳和呼吸,即可停止抢救。( )

A. 对　　　　　　　　　B. 错

19. 熔化焊设备的漏电保护器,应每月检查一次,即操作漏电保护器按钮,检查其是否能正常断开电源。( )

A. 对　　　　　　　　　B. 错

20. 滚焊机不属于熔化焊设备。( )

A. 对　　　　　　　　　B. 错

21. 目前只有 12 V、24 V、36 V 三个安全电压等级。( )

A. 对　　　　　　　　　B. 错

22. 在选择熔化焊机的焊接参数时最好使用与工件相同材料和厚度裁成的试件进行试焊。( )

A. 对　　　　　　　　　B. 错

23. 熔化焊设备电网供电参数必须为 380 V、50 Hz。( )

A. 对　　　　　　　　　B. 错

24. 当同一台电力变压器向两台或多台焊机供电时,由一台焊机引起的电压降将会反映在第二台焊机的工作中。( )

A. 对　　　　　　　　　B. 错

25. 使用移动式电源箱一个动力分路只能接一台熔化焊设备,设备有名称牌。动力与照明回路应分开。( )

A. 对　　　　　　　　　B. 错

26. 直流电流会对人体有伤害,男性平均摆脱电流为 76 mA。( )

A. 对　　　　　　　　　B. 错

27. 对航空和航天等要求严格的工件,当焊机安装、调试合格后,还应按照有关技术标准,焊接一定数量的试件。经目测、金相分析、X 射线检查、机械强度测量等试验,以评定焊机工作的可靠性。( )

A. 对　　　　　　　　　B. 错

28. 当工频电流通过人体时,成年男性的平均感知电流为 10 mA。( )

A. 对　　　　　　　　　B. 错

29. 触碰设备不带电的外露金属部分,如金属外壳、金属护罩和金属构架等,不会触电。( )

A. 对　　　　　　　　　B. 错

30. 工作电压不大于 380 V 时,焊机回路的试验电压为 2 000 V( )

A. 对　　　　　　　　　B. 错

31. 熔化焊设备采用的加热原理为电阻加热原理。( )

A. 对　　　　　　　　　B. 错

32. 在有多台焊机工作场地当水源压力太低或不稳定时,应设置专用冷却水循环系统。( )

A. 对　　　　　　　　　B. 错

33. 熔化焊机中不与地相连接的电气回路,在试验时对个别元件,由于特性限制,允许从电路中拆除或短接。( )

A. 对　　　　　　　　　B. 错

34. 凡与大地有可靠接触的金属导体,均可作为自然接地体。( )

A. 对　　　　　　　　　B. 错

35. 在现场不方便就地进行心肺复苏时,要尽量反复调整直至触电伤员至方便位置。( )

A. 对　　　　　　　　　B. 错

36. 在潮湿环境操作时,焊工必须使用干燥、绝缘可靠的焊工手套,但不必使用绝缘橡胶衬垫。( )

A. 对　　　　　　　　　B. 错

37. 操作高频加热设备时,工人操作位置要铺耐压 15 kV 的绝缘橡胶板。( )

A. 对　　　　　　　　　B. 错

38. 空载试验和短路试验要求有专门的试验设备才能进行。( )

A. 对　　　　　　　　　B. 错

39. 当电源距离作业点较远而电源线长度不够时,应将电源线接长或拆换。( )

A. 对　　　　　　　　　B. 错

40. 焊机的电源线一般不得超过 3 m。( )

A. 对　　　　　　　　　B. 错

41. 熔化焊与热切割设备运行时,空载电压一般都在 50～90 V。( )

A. 对　　　　　　　　　B. 错

42. 将 220 V 的变压器接到 380 V 的电源上不会造成安全事故。( )

A. 对　　　　　　　　　B. 错

43. 人工接地极接地导线应具有良好的导电性,其截面积不得小于 11 mm^2。( )

A. 对　　　　　　　　　B. 错

44. 对于熔化焊设备来说,当临时需要使用较长的电源线时,应拖放在干燥的地面上。( )

A. 对　　　　　　　　　B. 错

45. 安全电压等级为 36 V 时,照明装置离地高度应不超过 2.5 m。( )

A. 对　　　　　　　　　B. 错

46. 采用心脏复苏法急救时,按压吹气半分钟后,应采用"看、听、试"方法对触电者是否恢复自然呼吸和心跳进行再判断。( )

A. 对　　　　　　　　　　B. 错

47. 脱离低压电源的方法可用"拉、切、挑、拽"四个字概括。(　　)

A. 对　　　　　　　　　　B. 错

48. 熔化焊设备各个焊机间及与墙面间至少应留出 1 m 宽的通道。(　　)

A. 对　　　　　　　　　　B. 错

49. 移动触电者或将其送往医院途中应暂时中止抢救。(　　)

A. 对　　　　　　　　　　B. 错

50. 接地线应用螺母拧紧,串联接入。(　　)

A. 对　　　　　　　　　　B. 错

51. 一个人在皮肤干燥状态下,接触的电压越高,人体电阻越小。(　　)

A. 对　　　　　　　　　　B. 错

52. 为了防止跨步电压触电,无论何时,救护人员均不可进入断线落地点 8～10 m 的范围内。(　　)

A. 对　　　　　　　　　　B. 错

53. 焊接不带电的金属外壳时,可以不采用安全防护措施。(　　)

A. 对　　　　　　　　　　B. 错

54. 在拉拽触电者脱离电源的过程中,救护人应双手迅速将触电者拉离电源。(　　)

A. 对　　　　　　　　　　B. 错

55. 对一般工件的焊接,用试件焊接一定数量后,经目视检查应无过深的压痕、裂纹和过烧的即可投入生产使用。(　　)

A. 对　　　　　　　　　　B. 错

56. 每台焊机都应通过单独的分断开关与馈电系统连接。(　　)

A. 对　　　　　　　　　　B. 错

57. 电动机械设备按规定接地接零可减少触电事故的发生。(　　)

A. 对　　　　　　　　　　B. 错

58. 吸入较高浓度的氟化氢气体或蒸气,可严重刺激眼、鼻和呼吸道黏膜,可发生支气管炎、骨质病变等。(　　)

A. 对　　　　　　　　　　B. 错

59. 熔化焊引弧时使用高频振荡器,因时间较短,影响较小,所以对人体无害。(　　)

A. 对　　　　　　　　　　B. 错

60. 焊接设备、工具和材料应排列整齐不得乱堆乱放,操作现场的所有气焊设备、焊接电缆线等,允许相互缠绕。(　　)

A. 对　　　　　　　　　　B. 错

61. 电阻焊焊接镀层板时,产生有毒的锌、铅烟尘,闪光对焊时有大量金属蒸气产生,修磨电极时有金属尘,其中镉铜和铍钴铜电极中的镉与铍均有很大毒性。(　　)

A. 对　　　　　　　　　　B. 错

62. 中频电会使焊工产生一定的麻电现象,这在高处作业时是很危险的。(　　)

A. 对　　　　　　　　　　B. 错

63. 金属化后的皮肤经过一段时间会自行脱落,一般会留下不良后果。(　　)

A. 对　　　　　　　　　　B. 错

64. 提升机具限位保险装置失灵或"带病"工作有可能引起高空坠落事故。(　　)
　　A. 对　　　　　　　　B. 错

65. 高强度电磁场作用下长期工作,一些症状可能持续成痼疾。(　　)
　　A. 对　　　　　　　　B. 错

66. 增设机械安全防护装置和断电保护装置会降低机械事故发生的可能性。(　　)
　　A. 对　　　　　　　　B. 错

67. 熔化焊焊接车间内多点焊割作业或有其他工作混合作业时,各工位间应设防护屏。
(　　)
　　A. 对　　　　　　　　B. 错

68. 电弧灼伤发生在误操作或人体过分接近高压带电体而产生电弧放电时,这时高温电弧将如同火焰一样把皮肤烧伤。(　　)
　　A. 对　　　　　　　　B. 错

69. 熔化焊工作地点应有良好的天然采光或局部照明。(　　)
　　A. 对　　　　　　　　B. 错

70. 焊接操作现场应该保持必要的通道,一旦发生事故时,便于撤离现场,便于救护人员的进出。(　　)
　　A. 对　　　　　　　　B. 错

71. 焊接噪声会对人体的神经系统、心血管系统等产生不良的影响。(　　)
　　A. 对　　　　　　　　B. 错

72. 脚手架上材料堆放不稳、过多、过高会引起物体打击事故。(　　)
　　A. 对　　　　　　　　B. 错

73. 电箱不装门、锁,电箱门出线混乱,随意加保险丝,并一闸控制多机不会发生触电事故。(　　)
　　A. 对　　　　　　　　B. 错

74. 电烙印发生在人体与带电体有接触的情况下,在皮肤表面将留下和被接触带电体形状相似的肿块痕迹。有时在触电后并不立即出现,而是相隔一段时间后才出现。(　　)
　　A. 对　　　　　　　　B. 错

75. 进行熔化焊操作时,将作业环境 5 m 范围内所有易燃易爆物品清理干净。(　　)
　　A. 对　　　　　　　　B. 错

76. 室内焊接作业应避免可燃易燃气体(或蒸气)的滞留积聚,除必要的通风措施外,还应装设气体分析仪器和报警器。(　　)
　　A. 对　　　　　　　　B. 错

77. 自动焊和手工焊主要用于大型机械设备制造,其设备多安装在厂房里,作业场所比较固定。(　　)
　　A. 对　　　　　　　　B. 错

78. 在使用含有氟化物的钎剂时,必须在有通风的条件下进行焊接,或者使用个人防护装备。(　　)
　　A. 对　　　　　　　　B. 错

79. 焊接振动对人体的危害以局部振动为主。(　　)
　　A. 对　　　　　　　　B. 错

80. 经过预热的工件或施焊过的工件一定会引起火灾与爆炸事故。（　　）
　　A. 对　　　　　　　　B. 错

81. 交叉作业劳动组织不合理不会引起物体打击事故。（　　）
　　A. 对　　　　　　　　B. 错

82. 起重设备未设置卷扬限制器、起重量控制、连锁开关等安全装置会引起触电事故。（　　）
　　A. 对　　　　　　　　B. 错

83. 焊接车间焊工作业面积不应该小于 4 m²,地面应基本干燥。（　　）
　　A. 对　　　　　　　　B. 错

84. 洞口、临边、交叉作业、攀登作业、悬空作业,按规范使用安全帽、安全网、安全带,并严格加强防护措施可减少高空坠落事故发生。（　　）
　　A. 对　　　　　　　　B. 错

85. 焊接车间可燃气瓶和氧气瓶应分别存放,用完的气瓶不必及时移出工作场地,不得随便横躺卧放。（　　）
　　A. 对　　　　　　　　B. 错

86. 根据焊接工艺的不同,电弧焊可分为自动焊、半自动焊、氩弧焊和手工焊。（　　）
　　A. 对　　　　　　　　B. 错

87. 钎焊作业安全生产应遵守一般安全生产规律。（　　）
　　A. 对　　　　　　　　B. 错

88. 国家安全生产监督管理总局于 2004 年提出了《关于开展重大危险源监督管理工作的指导意见》。（　　）
　　A. 对　　　　　　　　B. 错

89. 钎焊从业人员的权利包括工伤保险赔偿权和监督权。（　　）
　　A. 对　　　　　　　　B. 错

90. 操作过程中如果没有完善的操作标准,可能会使员工出现不安全行为,因此没有操作标准也是危险源。（　　）
　　A. 对　　　　　　　　B. 错

91. 在处理保证安全与生产经营活动的关系上,优先考虑财产安全。（　　）
　　A. 对　　　　　　　　B. 错

92. 钎焊作业的安全生产意在防止发生人身伤亡和财产损失等生产事故。（　　）
　　A. 对　　　　　　　　B. 错

93. 《安全生产许可证条例》主要内容不包括目的、对象与管理机关,安全生产许可证的条件及有效期。（　　）
　　A. 对　　　　　　　　B. 错

94. 事故隐患泛指生产系统中可导致事故发生的人的不安全行为、物的不安全状态和管理上的缺陷。（　　）
　　A. 对　　　　　　　　B. 错

95. 装满气的气瓶是危险源。（　　）
　　A. 对　　　　　　　　B. 错

96. 钎焊作业属于特种作业范畴。（　　）

A. 对　　　　　　B. 错

97.《安全生产法》规定,生产经营单位对重大危险源应当制订应急预案。(　　)

A. 对　　　　　　B. 错

98. 钎焊作业安全生产除应遵守一般安全生产规律之外,还应充分考虑钎焊的专业特性和技术上的要求。(　　)

A. 对　　　　　　B. 错

99. 事故隐患分为一般事故隐患和重大事故隐患两种。(　　)

A. 对　　　　　　B. 错

100. 生产安全事故是指在生产过程中造成人员伤亡、伤害、职业病、财产损失或其他损失的意外事件。(　　)

A. 对　　　　　　B. 错

101. 狭义上,重大危险源是指可能导致重大事故发生的危险源。(　　)

A. 对　　　　　　B. 错

102. 危险源只可以是物,不可以是人。(　　)

A. 对　　　　　　B. 错

103.《安全生产法》规定,生产经营单位对重大危险源应当告知从业人员和相关人员在紧急情况下应当采取的应急措施。(　　)

A. 对　　　　　　B. 错

104.《安全生产法》的核心内容不包括五方运行机制。(　　)

A. 对　　　　　　B. 错

105. 钎焊作业的安全生产可以消除或控制危险、有害因素。(　　)

A. 对　　　　　　B. 错

106. 技术安全是安全生产管理以事故发生后再减小危害为主的根本体现。(　　)

A. 对　　　　　　B. 错

107. 技术安全是安全生产管理以预防为主的根本体现。(　　)

A. 对　　　　　　B. 错

108. 安全生产管理的目标是减少和控制危害,减少和控制事故,尽量避免生产过程中由于事故所造成的设备损坏、财产损失、环境污染,其他人员损失可以忽略。(　　)

A. 对　　　　　　B. 错

109.“安全第一”指在生产经营活动中,要始终把财产安全放在首要位置。(　　)

A. 对　　　　　　B. 错

110. 在国家标准 GB18218—2009《重大危险源》中,给出了各种危险物质的名称、类别及其临界量。(　　)

A. 对　　　　　　B. 错

111.《中华人民共和国安全生产法》规定,生产经营单位对重大危险源应当登记建档。(　　)

A. 对　　　　　　B. 错

112. 重大事故隐患是指危害和整改难度较大,应当全部或局部停产、停业,并经过一定时间整改治理方能排除的隐患,或者因外部因素影响,致使生产经营单位自身难以排除的隐患。(　　)

A. 对　　　　　　B. 错

113. 危险源可以是物,也可以是人。(　　　)

A. 对　　　　　　B. 错

114. "综合治理"就是标本兼治,重在综合。(　　　)

A. 对　　　　　　B. 错

115. 在钎焊作业生产过程中,气瓶不会发生泄漏。(　　　)

A. 对　　　　　　B. 错

116. 钎焊从业人员的权利主要包括:知情权与建议权,批评、检举,不包括控告权,拒绝违章指挥和强令冒险作业权。(　　　)

A. 对　　　　　　B. 错

117. 钎焊作业安全生产是为了使钎焊作业生产过程在符合物质条件和工作秩序下进行。(　　　)

A. 对　　　　　　B. 错

118. 安全生产管理的基本对象是企业的员工,不涉及机器设备。(　　　)

A. 对　　　　　　B. 错

119. 在生产过程中,操作者即使操作失误,也不会发生事故或伤害,或者设备、设施和技术工艺本身具有自动防止人的不安全行为的能力称为失误–安全功能。(　　　)

A. 对　　　　　　B. 错

120. 《安全生产法》规定,生产经营单位对重大危险源可以一劳永逸,不进行定期检测、评估、监控。(　　　)

A. 对　　　　　　B. 错

121. 安全生产管理就是针对人们生产过程中的安全问题,运用有效的资源,发挥人们的智慧,通过人们的努力,进行有关决策、计划、组织和控制等活动,达到安全生产的目标。(　　　)

A. 对　　　　　　B. 错

122. 危险源是指可能造成人员伤害、疾病、财产损失、作业环境破坏或其他损失的根源或状态。(　　　)

A. 对　　　　　　B. 错

123. 生产经营单位应当按照国家有关规定,将本单位重大危险源及安全措施、应急措施报地方人民政府负责安全生产监督管理的有关部门备案。(　　　)

A. 对　　　　　　B. 错

124. 《安全生产法》第五十一条规定,从业人员发现事故隐患或其他不安全因素,应当立即向现场安全生产管理人员或本单位负责人报告,接到报告的人员应当及时予以处理。(　　　)

A. 对　　　　　　B. 错

125. 从广义上说,重大危险源是指可能导致重大事故发生的危险源。(　　　)

A. 对　　　　　　B. 错

126. 钎焊作业的安全生产可以保障人身安全与健康。(　　　)

A. 对　　　　　　B. 错

127. 一般事故隐患是指危害和整改难度较小,发现后能够立即整改排除的隐

患。（　　）

　　A. 对　　　　　　　　B. 错

128. "安全第一,预防为主,综合治理"的安全生产方针是不合理的。（　　）

　　A. 对　　　　　　　　B. 错

129. 重大危险源是指长期地或临时地生产、搬运、使用或者储存危险物品,且危险物品的数量等于或者超过临界量的单元。（　　）

　　A. 对　　　　　　　　B. 错

130. 在钎焊作业生产过程中,气瓶可能会发生泄漏,引起中毒、火灾或爆炸事故。（　　）

　　A. 对　　　　　　　　B. 错

131. 如果不对事故隐患进行有效管理,就可能产生安全事故。（　　）

　　A. 对　　　　　　　　B. 错

132. 安全生产工作应当在生产活动过程中,尽量避免事故发生。（　　）

　　A. 对　　　　　　　　B. 错

133. 由于危险源的存在,生产安全事故发生的可能,使得对生产进行安全管理就显得可有可无。（　　）

　　A. 对　　　　　　　　B. 错

134. 自动埋弧堆焊电流增大时,焊丝熔化速度加快,堆焊层厚度较少。（　　）

　　A. 对　　　　　　　　B. 错

135. 气体保护焊用纯氩气做保护气焊接低合金钢的好处是电弧非常稳定。（　　）

　　A. 对　　　　　　　　B. 错

136. 凡是属于压焊的方法都可用于堆焊。（　　）

　　A. 对　　　　　　　　B. 错

137. 埋弧焊焊接时,被焊工件与焊丝分别接在焊接电源的两极。（　　）

　　A. 对　　　　　　　　B. 错

138. 气焊利用可燃气体和氧燃烧所放出的热量作为热源。（　　）

　　A. 对　　　　　　　　B. 错

139. LUP – 300 型及 LUP – 500 型等离子弧粉末焊机便于调节焊接规范。（　　）

　　A. 对　　　　　　　　B. 错

140. 水蒸气对人体的伤害主要是烫伤。（　　）

　　A. 对　　　　　　　　B. 错

141. 自动振动堆焊机的堆焊机床主要用来夹持被焊工件。（　　）

　　A. 对　　　　　　　　B. 错

142. 铝热焊设备简单、投资少,焊接操作简便,无需电源。（　　）

　　A. 对　　　　　　　　B. 错

143. 目前,通用弧焊机在堆焊设备中占有的比例较小。（　　）

　　A. 对　　　　　　　　B. 错

144. 盛装易起聚合反应或分解反应气体的气瓶,必须规定储存期限,并应避开放射性射线源。（　　）

　　A. 对　　　　　　　　B. 错

145. 等离子弧能量集中、温度高,可得到充分熔透、反面成形均匀的焊缝。( )
    A. 对   B. 错

146. 碳弧气刨需要利用碳极电弧的高温,把金属的局部加热到熔化状态。( )
    A. 对   B. 错

147. 氩弧焊引弧所用的高频振荡器会产生一定强度的电磁辐射,接触较多的焊工,会引起头晕、疲乏无力、心悸等症状。( )
    A. 对   B. 错

148. 目前的 CO_2 激光器采用 CO_2,N_2,He(或 Ar)混合气体作为工作介质,其体积配比为 7:33:60。( )
    A. 对   B. 错

149. 激光探头给出的电信号与所检测到的激光能量成正比。( )
    A. 对   B. 错

150. 铝热焊剂主要由氧化铁、铝粉、铁粉、合金组成。( )
    A. 对   B. 错

151. 碳弧气刨只要有一台直流电焊机、有压缩空气,有专用的电弧切割极及碳棒,使用方便,操作灵活。( )
    A. 对   B. 错

152. 焊条焊接时,焊芯的化学成分不会影响焊缝的质量。( )
    A. 对   B. 错

153. 焊接操作时,身体出汗而衣服潮湿时,不得靠在带电焊件上施焊。( )
    A. 对   B. 错

154. 碳弧气刨可使环境粉尘降低 40%~60%。( )
    A. 对   B. 错

155. MAG 焊适用于碳钢、合金钢和不锈钢等黑色金属材料的全位置焊接。( )
    A. 对   B. 错

156. 目前,切割主要用于切割各种碳钢和普通低合金钢。( )
    A. 对   B. 错

157. 乙炔发生器的操作人员必须经过专门训练,熟悉其结构和作用原理,并经安全技术考核合格。( )
    A. 对   B. 错

158. 可使用焊炬、割炬的嘴头与平面摩擦的方法来清除嘴头堵塞物。( )
    A. 对   B. 错

159. 耐热钢不能采用二氧化碳气体保护焊焊接。( )
    A. 对   B. 错

160. 铝热焊获得的焊缝金属组织细小,韧性、塑性较好。( )
    A. 对   B. 错

161. 铝热焊用铝粉颗粒度越小,反应时间越长且热量损失越大。( )
    A. 对   B. 错

162. 等离子切割结束后,应最后关闭切割气体。( )
    A. 对   B. 错

163. 利用气割可以在钢板上的各种位置进行切割和在钢板上切割各种外形复杂的零件。（　　）

    A. 对　　　　　　　　B. 错

164. 割炬按可燃气体与氧气混合的方式不同可分为射吸式割炬和等压式割炬两种,其中等压式割炬使用较多。（　　）

    A. 对　　　　　　　　B. 错

165. 电渣焊过程中,可根据需要用水或者停水。（　　）

    A. 对　　　　　　　　B. 错

166. 埋弧焊焊接电弧在焊丝与工件之间燃烧,电弧热将焊丝尾部及电弧附近的母材和焊剂熔化。（　　）

    A. 对　　　　　　　　B. 错

167. 在氩气中加入氧气可以稳定和控制电弧阴极斑点的位置。（　　）

    A. 对　　　　　　　　B. 错

168. 奥氏体不锈钢的电子束焊接接头抗晶间腐蚀的能力较弱。（　　）

    A. 对　　　　　　　　B. 错

169. 气割广泛用于钢板下料、焊接坡口和铸件浇冒口的切割。（　　）

    A. 对　　　　　　　　B. 错

170. 埋弧焊焊丝数目仅有单丝。（　　）

    A. 对　　　　　　　　B. 错

171. 氩弧焊作业时,尽可能采用放射剂量低的铈钨极。（　　）

    A. 对　　　　　　　　B. 错

172. 割炬是气割工作的主要工具。（　　）

    A. 对　　　　　　　　B. 错

173. 在实际生产中,大多用氩气作为切割气体。（　　）

    A. 对　　　　　　　　B. 错

174. 当其他焊接不变时,焊丝直径减小,堆焊焊缝熔深增加,熔宽减小。（　　）

    A. 对　　　　　　　　B. 错

175. 采用压缩空气的吸压式焊剂回收输送器不可以安装在小车上使用。（　　）

    A. 对　　　　　　　　B. 错

176. 氧－乙炔火焰中火焰的性质是不可调的。（　　）

    A. 对　　　　　　　　B. 错

177. 熔透型等离子弧焊主要用于薄板加单面焊双面成形及厚板的多层焊。（　　）

    A. 对　　　　　　　　B. 错

178. 等离子弧焊接钛、钽及锆合金时,所用气体中加入少量的 H_2 ,可减少气孔、裂纹,提高焊缝力学性能。（　　）

    A. 对　　　　　　　　B. 错

179. 在焊接过程中加入的二氧化碳对母材可能产生渗碳作用。（　　）

    A. 对　　　　　　　　B. 错

180. 气瓶使用时,严禁敲击、碰撞,特别是乙炔瓶不应遭受剧烈震动或撞击,以免填料下沉而形成净空间影响乙炔的储存。（　　）

A. 对　　　　　　　　B. 错

181. 大直径的焊丝,容易被弄乱,常制成焊丝卷或焊丝盘供使用。(　　)

A. 对　　　　　　　　B. 错

182. 二氧化碳焊焊接低合金高强度钢时冷裂纹的倾向较大。(　　)

A. 对　　　　　　　　B. 错

183. 电子束焊在实际应用中以真空电子束焊接居多。(　　)

A. 对　　　　　　　　B. 错

184. 碳弧气刨不能清理铸件的毛边、飞边、浇铸冒口及铸件中的缺陷。(　　)

A. 对　　　　　　　　B. 错

185. 氩弧焊使用的钨极材料中的钍、铈等稀有金属没有放射性。(　　)

A. 对　　　　　　　　B. 错

186. 熔渣除了对熔池和焊缝金属起化学和机械保护作用外,焊接过程中还与熔化金属发生冶金反应,但不影响焊缝金属的化学成分。(　　)

A. 对　　　　　　　　B. 错

187. 焊接电流大小是决定焊缝熔宽的最主要参数。(　　)

A. 对　　　　　　　　B. 错

188. 薄板焊接或者点焊宜采用"E4313",焊件不易烧穿且易引弧。(　　)

A. 对　　　　　　　　B. 错

189. 采用二氧化碳焊焊接厚板时可增加坡口的钝边,减小坡口。(　　)

A. 对　　　　　　　　B. 错

190. 二氧化碳焊的生产率比焊条电弧焊高。(　　)

A. 对　　　　　　　　B. 错

191. 等离子弧焊适用于焊接不同厚度的板材。(　　)

A. 对　　　　　　　　B. 错

192. 碳弧气刨的操作,开始切割前,要检查电缆及气管是否完好,电源极性是否正确。(　　)

A. 对　　　　　　　　B. 错

193. 碳弧气刨操作起弧之前必须打开气阀,先送压缩空气,随后引燃电弧,以免产生夹碳缺陷。(　　)

A. 对　　　　　　　　B. 错

194. 激光焊的热影响区小,可避免热损伤。(　　)

A. 对　　　　　　　　B. 错

195. 气瓶使用时,为便于本单位人员辨认,可以更改气瓶的钢印和颜色标记。(　　)

A. 对　　　　　　　　B. 错

196. 正确估算瓶内 CO_2 储量时采用称钢瓶质量的方法。(　　)

A. 对　　　　　　　　B. 错

197. 气焊过程中并不需要填充金属。(　　)

A. 对　　　　　　　　B. 错

198. MIG 焊适用于铝及铝合金、不锈钢等材料的中、厚板焊接。(　　)

A. 对　　　　　　　　B. 错

199. 埋弧焊时,为了调整焊接机头与工件的相对位置,使接缝处于最佳的施焊位置或为达到预期的工艺目的,一般都需有相应的辅助设备与焊机相配合。(　　　)

    A. 对　　　　　　　　　　B. 错

200. 可以使用火焰或可能引起火星的工具开电石桶。(　　　)

    A. 对　　　　　　　　　　B. 错

201. 气焊是利用气体火焰作为热源的一种熔化焊接方法。(　　　)

    A. 对　　　　　　　　　　B. 错

202. 气焊或气割使用的乙炔、液化石油气、氢气等都是易燃易爆气体。(　　　)

    A. 对　　　　　　　　　　B. 错

203. 埋弧焊时,工件的坡口可较小,这减少了金属填充量。(　　　)

    A. 对　　　　　　　　　　B. 错

204. 等离子弧的能量集中(能量密度可达 $108 \sim 109$ W/cm^2)。(　　　)

    A. 对　　　　　　　　　　B. 错

205. 埋弧焊时焊丝的送进速度应与焊丝的熔化速度同步。(　　　)

    A. 对　　　　　　　　　　B. 错

206. 一般 TIG 能焊接的大多数金属,均可用等离子弧焊接。(　　　)

    A. 对　　　　　　　　　　B. 错

207. 进行碳弧气刨操作电弧切割时噪声较大,操作者应戴耳塞。(　　　)

    A. 对　　　　　　　　　　B. 错

208. 氧气不能燃烧,但能助燃,是强氧化剂,与可燃气体混合燃烧可以得到高温火焰。(　　　)

    A. 对　　　　　　　　　　B. 错

209. 采用散焦电子束对难熔金属铌合金对接缝进行预热,有清理和除气作用,有利于消除气孔。(　　　)

    A. 对　　　　　　　　　　B. 错

210. 钨极氩弧焊所焊接的板材厚度范围,从生产率考虑以 5 mm 以下为宜。(　　　)

    A. 对　　　　　　　　　　B. 错

211. 气瓶运输(含装卸)时,瓶必须配戴好瓶帽(有防护罩的除外),并要拧紧。(　　　)

    A. 对　　　　　　　　　　B. 错

212. 小孔型等离子弧焊时,板厚增加,则所需能量密度减小。(　　　)

    A. 对　　　　　　　　　　B. 错

213. 二氧化碳焊不能焊接黑色金属。(　　　)

    A. 对　　　　　　　　　　B. 错

214. 进行电渣焊时,如有短路发生,应立即停止焊接,但不一定要切断电源。(　　　)

    A. 对　　　　　　　　　　B. 错

215. 气割时氧气射流的喷射,使火星、熔珠和铁渣四处飞溅,易造成烫伤事故。(　　　)

    A. 对　　　　　　　　　　B. 错

216. 为克服电弧切割的粉尘大、有气味的缺点,还可采用水碳弧气刨的方法。(　　　)

    A. 对　　　　　　　　　　B. 错

217. 电子束作为焊接热源,具有高能量密度,且控制精准、反应迅速。(　　　)

A. 对　　　　　　　　B. 错

218. 埋弧焊一般采用粗焊丝,电弧具有上升的静特性曲线。(　　)

A. 对　　　　　　　　B. 错

219. 铝热焊方法没有顶锻过程,焊接接头的平顺性好。(　　)

A. 对　　　　　　　　B. 错

220. 焊条电弧焊是用手工操纵焊条进行焊接工作的,只能进行平焊、立焊,不能进行仰焊操作。(　　)

A. 对　　　　　　　　B. 错

221. 氧－乙炔焰的堆焊工艺与气焊工艺截然不同。(　　)

A. 对　　　　　　　　B. 错

222. 氧气管道的管材一般应选用无缝钢管、铜管(如黄铜管)。(　　)

A. 对　　　　　　　　B. 错

223. 使用电子束焊,焊缝中常出现夹渣等焊缝不纯的缺欠。(　　)

A. 对　　　　　　　　B. 错

224. 乙炔发生器启动前应检查回火保险器的水位及发生器的各活动机件等是否正常。(　　)

A. 对　　　　　　　　B. 错

225. 二氧化碳焊不能焊接薄板。(　　)

A. 对　　　　　　　　B. 错

226. 氧－乙炔焰堆焊时,应尽量采用较大号的焊炬。(　　)

A. 对　　　　　　　　B. 错

227. 实质上使用可熔夹条是对接接头单面焊背面成形工艺中采取的一种特殊措施。(　　)

A. 对　　　　　　　　B. 错

228. 气割过程中的切割氧不要求高纯度。(　　)

A. 对　　　　　　　　B. 错

229. 电石属于遇水燃烧的危险品。(　　)

A. 对　　　　　　　　B. 错

230. 等压式焊炬只能使用乙炔瓶或中压乙炔发生器。(　　)

A. 对　　　　　　　　B. 错

231. 氩弧焊采用的压缩气瓶打开阀门时动作要快。(　　)

A. 对　　　　　　　　B. 错

232. 熔化极气体保护堆焊应用形式为采用手工堆焊。(　　)

A. 对　　　　　　　　B. 错

233. 埋弧焊时,焊剂的存在仅能起到避免熔化金属与空气直接接触的作用。(　　)

A. 对　　　　　　　　B. 错

234. LUP－300 型及 LUP－500 型等离子弧粉末焊机不能通用。(　　)

A. 对　　　　　　　　B. 错

235. 无论瓶内装得是什么气体,均可以同车运输。(　　)

A. 对　　　　　　　　B. 错

236. 焊接面有缩孔等缺陷时,应先进行补焊后,才能进行电渣焊。(　　)
A. 对　　　　　　　　B. 错

237. 丝极电渣焊的焊丝在接头间隙中的位置及焊接参数容易调节,许用功率小,监控熔池方便,适用于环缝焊及丁字接头的焊接。(　　)
A. 对　　　　　　　　B. 错

238. 脉冲激光焊时,输入到工件上的能量是连续的。(　　)
A. 对　　　　　　　　B. 错

239. 对处于窄小空间位置的焊缝,只要轻巧的刨枪能伸进去的地方,就可以进行切割作业。(　　)
A. 对　　　　　　　　B. 错

240. 在大电流焊接时,增大锥角可避免尖端过热熔化,减少损耗,并防止电弧往上扩展而影响阴极斑点的稳定性。(　　)
A. 对　　　　　　　　B. 错

241. 堆焊内孔壁时,往内孔填砂进行堆焊可提高生产效率。(　　)
A. 对　　　　　　　　B. 错

242. 工厂中使用激光焊优点多、投资少、见效快。(　　)
A. 对　　　　　　　　B. 错

243. 乙炔发生器不得使用含铜质量分数超过 70% 的铜合金、银等作为垫圈、管接头及其他零部件。(　　)
A. 对　　　　　　　　B. 错

244. 压缩空气的作用不包括对碳棒电极起冷却作用。(　　)
A. 对　　　　　　　　B. 错

245. 电弧切割过程中,应逆风方向进行操作。(　　)
A. 对　　　　　　　　B. 错

246. 石油气点火时,要先点燃引火物后再开气。(　　)
A. 对　　　　　　　　B. 错

247. 电渣焊的焊接电源可按暂载率 100% 考虑。(　　)
A. 对　　　　　　　　B. 错

248. 压缩空气的主要作用是把碳极电弧高温加热而熔化的金属吹掉。(　　)
A. 对　　　　　　　　B. 错

249. 电弧电压越高切割功率越大,切割速度及切割厚度都相应降低。(　　)
A. 对　　　　　　　　B. 错

250. 等离子弧会产生高强度、高频率的噪声,操作者操作时必须塞上耳塞。(　　)
A. 对　　　　　　　　B. 错

251. 气瓶储存时,可不放置于专用仓库储存。(　　)
A. 对　　　　　　　　B. 错

252. 氩在惰性气体保护焊的应用中效率低。(　　)
A. 对　　　　　　　　B. 错

253. 在汽车制造业中,激光焊可用于汽车底架的制造。(　　)
A. 对　　　　　　　　B. 错

254. 焊条电弧焊是利用电弧放电所产生的热量将焊条和工件熔化,焊条与工件互相熔合、二次冶金后冷凝形成焊缝,从而获得焊接接头。(　　)

　　A. 对　　　　　　　　　　B. 错

255. 埋弧焊时,对无法使用衬垫的焊缝,没必要封底,可直接采用埋弧焊。(　　)

　　A. 对　　　　　　　　　　B. 错

256. 焊条由药皮和焊芯两部分组成。(　　)

　　A. 对　　　　　　　　　　B. 错

257. 氩气+氧气+二氧化碳不能作为气体保护焊的保护气体。(　　)

　　A. 对　　　　　　　　　　B. 错

258. 联合型等离子弧主要用于微束等离子弧焊和粉末堆焊等。(　　)

　　A. 对　　　　　　　　　　B. 错

259. 在容器或狭小部位进行碳弧气刨操作时,作业场地必须采取排烟除尘措施,还应注意场地防火。(　　)

　　A. 对　　　　　　　　　　B. 错

260. 激光切割可以实现材料的精密切割。(　　)

　　A. 对　　　　　　　　　　B. 错

261. 埋弧焊时,铁素体、奥氏体等高合金钢,一般选用碱度较高的熔炼焊剂或烧结、陶质焊剂,以降低合金元素的烧损,避免掺加较多的合金元素。(　　)

　　A. 对　　　　　　　　　　B. 错

262. 用碳弧气刨来加工焊缝坡口,不适用于开 U 形坡口。(　　)

　　A. 对　　　　　　　　　　B. 错

263. 盛装惰性气体的气瓶,可不检验。(　　)

　　A. 对　　　　　　　　　　B. 错

264. 等离子弧堆焊的漆合金方式为带极堆焊。(　　)

　　A. 对　　　　　　　　　　B. 错

265. 在切割机上的电气开关应与切割机头上的割炬气阀门隔离,以防被电火花引爆。(　　)

　　A. 对　　　　　　　　　　B. 错

266. 氩弧堆焊时,应采取比手工电弧焊更有效的防辐射安全措施。(　　)

　　A. 对　　　　　　　　　　B. 错

267. 表面堆焊可以采用二氧化碳气体保护焊方法焊接。(　　)

　　A. 对　　　　　　　　　　B. 错

268. 焊炬的好坏对焊接质量影响不大。(　　)

　　A. 对　　　　　　　　　　B. 错

269. 固定式乙炔发生器可由未经受过专门培训的专职人员管理。(　　)

　　A. 对　　　　　　　　　　B. 错

270. 开启瓶阀时,操作者必须站在瓶嘴正面。(　　)

　　A. 对　　　　　　　　　　B. 错

271. 焊接不锈钢和镍基合金时,还常使用氩氢混合气体。(　　)

　　A. 对　　　　　　　　　　B. 错

272. 环缝电渣焊用的是可调式内水冷成形圈。（   ）

    A. 对　　　　　　　　　　B. 错

273. 氢气有最大的扩散速度和很高的导热性，极易漏泄，点火能力低，被公认为是一种极危险的易燃易爆气体。（   ）

    A. 对　　　　　　　　　　B. 错

274. 汽车制造业中，激光焊接技术主要用于车身拼焊、框架结构和零部件的焊接。（   ）

    A. 对　　　　　　　　　　B. 错

275. 盛装一般气体的气瓶，不用检验。（   ）

    A. 对　　　　　　　　　　B. 错

276. 焊条电弧焊的焊接环境应通风良好。（   ）

    A. 对　　　　　　　　　　B. 错

277. 等离子弧的引弧频率一般为 5 000 Hz。（   ）

    A. 对　　　　　　　　　　B. 错

278. 二氧化碳焊的焊缝含氢量低。（   ）

    A. 对　　　　　　　　　　B. 错

279. 埋弧焊时，交流电源多用于大电流埋弧和采用直流时磁偏吹严重的场合。（   ）

    A. 对　　　　　　　　　　B. 错

280. 焊条就是涂有药皮的供焊条电弧焊使用的熔化电极。（   ）

    A. 对　　　　　　　　　　B. 错

281. 铝热焊也被称为热剂焊，主要用于钢轨的现场焊接。（   ）

    A. 对　　　　　　　　　　B. 错

282. 等离子弧焊使用 $Ar - H_2$ 混合气体可焊接奥氏体不锈钢、镍基合金及铜镍合金，焊缝光亮。（   ）

    A. 对　　　　　　　　　　B. 错

283. 只有将堆焊表面放在倾斜或立焊位置，才能不打渣连续堆焊。（   ）

    A. 对　　　　　　　　　　B. 错

284. 钨极气体保护焊使用的电流种类不包括直流正接。（   ）

    A. 对　　　　　　　　　　B. 错

285. 纯二氧化碳焊在一般工艺范围内即可达到射流过渡。（   ）

    A. 对　　　　　　　　　　B. 错

286. 压缩空气的流量过大时，会使熔化的金属温度降低，而不利于对所要切割的金属进行加工。（   ）

    A. 对　　　　　　　　　　B. 错

287. 等压式焊炬能使用低压乙炔发生器。（   ）

    A. 对　　　　　　　　　　B. 错

288. 埋弧焊未被融化的焊剂可以被回收装置自动回收。（   ）

    A. 对　　　　　　　　　　B. 错

289. 气瓶在使用过程中必须根据国家《气瓶安全监察规程》的要求进行定期技术检验。（   ）

A. 对　　　　　　　　B. 错

290. 氩弧焊可以焊接化学活泼性强和已形成高熔点氧化膜的镁、铝、钛及其合金。（　　）

A. 对　　　　　　　　B. 错

291. 运气瓶的车辆可没有"危险品"安全标志。（　　）

A. 对　　　　　　　　B. 错

292. 二氧化碳焊采用短路过渡技术可以用于全位置焊接。（　　）

A. 对　　　　　　　　B. 错

293. 铝热焊的设备比较复杂,一般不宜采用。（　　）

A. 对　　　　　　　　B. 错

294. 埋弧焊通常是高负载持续率、大电流焊接过程。（　　）

A. 对　　　　　　　　B. 错

295. 微束等离子弧焊一般采用大孔径压缩喷嘴及联合型电弧。（　　）

A. 对　　　　　　　　B. 错

296. 普通橡胶导管和衬垫可用作液化石油气瓶的配件。（　　）

A. 对　　　　　　　　B. 错

297. 纯钨极要求的空载电压较低。（　　）

A. 对　　　　　　　　B. 错

298. 激光切割用的割炬必须满足气体喷射的方向和反射镜的光轴同轴。（　　）

A. 对　　　　　　　　B. 错

299. 等离子弧冷丝堆焊在工艺和堆焊质量上都不太稳定。（　　）

A. 对　　　　　　　　B. 错

300. 焊机用的软电缆线应采用多股细铜线电缆,其截面要求应根据焊接需要载流量和长度,按焊机配用电缆标准的规定选用。（　　）

A. 对　　　　　　　　B. 错

301. 手工电弧焊焊接 12~16 mm 厚度的钢板对接焊可以达到 16 m/h。（　　）

A. 对　　　　　　　　B. 错

302. 输气管道中气体的流速是有限制的。（　　）

A. 对　　　　　　　　B. 错

303. 小孔型等离子弧焊接时,获得优质焊缝的前提是焊接过程中确保小孔的稳定。（　　）

A. 对　　　　　　　　B. 错

304. 二氧化碳焊采用短路过渡技术焊接电弧热量集中,受热面积大,焊接速度快。（　　）

A. 对　　　　　　　　B. 错

305. 电子束焊接前对接头加工、装配要求严格,以保证接头位置准确,间隙小而且均匀。（　　）

A. 对　　　　　　　　B. 错

306. 需要通水冷却的电渣焊用焊剂,可以不用烘干。（　　）

A. 对　　　　　　　　B. 错

307. 堆焊在多数情况下,具有异种金属焊接的特点。(　　)

A. 对　　　　　　　B. 错

308. 石墨坩埚在高温下会使铝热钢液有较多的增碳,铝热焊缝的力学性能得不到保证,因此不能直接用于铝热焊接钢轨。(　　)

A. 对　　　　　　　B. 错

309. 电渣焊熔池存在时间长,低熔点夹杂物和气体易排除,不易产生气孔和夹渣。(　　)

A. 对　　　　　　　B. 错

310. 二氧化碳气体保护焊的缺点之一就是不能全位置焊接。(　　)

A. 对　　　　　　　B. 错

311. 操作激光切割机时,要严格按照激光器启动程序启动激光器。(　　)

A. 对　　　　　　　B. 错

312. 氩气瓶内气体可以用尽。(　　)

A. 对　　　　　　　B. 错

313. 电子束焊焊接半镇静钢有时会产生气孔,降低焊接速度、加宽熔池有利于消除气孔。(　　)

A. 对　　　　　　　B. 错

314. 氧 – 乙炔火焰中乙炔气体为可燃气体,氧气为助燃气体。(　　)

A. 对　　　　　　　B. 错

315. 水下焊接与热切割时,焊接电源必须用直流电,禁用交流电。(　　)

A. 对　　　　　　　B. 错

316. 脚手板宽度单人道不得小于 0.6 m。(　　)

A. 对　　　　　　　B. 错

317. 带压不置换焊割正压作业时,压力小时,可防止爆炸性混合气体的形成。(　　)

A. 对　　　　　　　B. 错

318. 脚手板的上下坡度不得小于 1∶3。(　　)

A. 对　　　　　　　B. 错

319. 禁止使用盛装过易燃易爆物质的容器作为登高的垫脚物。(　　)

A. 对　　　　　　　B. 错

320. 氧气胶管要用 1.8 倍工作压力的蒸汽或热水清洗。(　　)

A. 对　　　　　　　B. 错

321. 清洗容器时,蒸汽管的末端必须伸至液体的底部。(　　)

A. 对　　　　　　　B. 错

322. 焊工在操作过程中,应避开点燃的火焰,防止烧伤。(　　)

A. 对　　　　　　　B. 错

323. 带压不置换焊割同样需要置换原有的气体。(　　)

A. 对　　　　　　　B. 错

324. 严禁焊补未开孔洞的密封容器。(　　)

A. 对　　　　　　　B. 错

325. 置换焊割广泛应用于可燃气体的容器与管道的外部焊补。(　　)

A. 对　　　　　　　　　B. 错

326. 高处作业存在的主要危险是个人防护。（　　　）

A. 对　　　　　　　　　B. 错

327. 带压不置换焊割主要适用于容器、管道的生产、检修工作。（　　　）

A. 对　　　　　　　　　B. 错

328. 置换焊补时,若隔绝工作不可靠,不得焊割。（　　　）

A. 对　　　　　　　　　B. 错

329. 氧－弧水下热切割的主要安全问题是防触电、防回火。（　　　）

A. 对　　　　　　　　　B. 错

330. 水下焊接与热切割作业常见事故不包括砸伤和烫伤。（　　　）

A. 对　　　　　　　　　B. 错

331. 湿法焊接是焊工在水下直接施焊。（　　　）

A. 对　　　　　　　　　B. 错

332. 行政法规、规章中的有关规范,不属于消防法规的基本法源。（　　　）

A. 对　　　　　　　　　B. 错

333. 储存大量浓盐酸的场所发生火灾时,不能用直流水扑灭。（　　　）

A. 对　　　　　　　　　B. 错

334. 泡沫灭火剂按泡沫的生成机理可分为三种类型。（　　　）

A. 对　　　　　　　　　B. 错

335. 爆炸极限的幅度越宽,其危险性就越小。（　　　）

A. 对　　　　　　　　　B. 错

336. 乙炔瓶内丙酮流出燃烧,不能用泡沫灭火器扑灭。（　　　）

A. 对　　　　　　　　　B. 错

337. 用二氧化碳灭火器可以对电石进行灭火。（　　　）

A. 对　　　　　　　　　B. 错

338. 油类着火用泡沫、二氧化碳或干粉灭火器扑灭。（　　　）

A. 对　　　　　　　　　B. 错

339. 苯和甲苯的爆炸温度极限相同。（　　　）

A. 对　　　　　　　　　B. 错

340. 化学性爆炸,是由于物质在极短时间内完成的化学变化,形成其他物质,同时放出大量热量和气体的现象。（　　　）

A. 对　　　　　　　　　B. 错

341. 自燃点是指物质(不论是固态、液态或气态)在没有外部火花和火焰的条件下,能自动引燃和继续燃烧的最低温度。（　　　）

A. 对　　　　　　　　　B. 错

342. 液体在火源作用下,首先使其蒸发,然后蒸气氧化分解进行燃烧。（　　　）

A. 对　　　　　　　　　B. 错

343. 价格低不是干粉灭火器的优点。（　　　）

A. 对　　　　　　　　　B. 错

344. 可燃气体或液体的爆炸极限是一个最高值,没有最低值。（　　　）

A. 对　　　　　　　　B. 错

345. 气体导管漏气着火时,可用石棉布扑灭燃烧气体。(　　)

A. 对　　　　　　　　B. 错

346. 可燃液体属于三级动火范围。(　　)

A. 对　　　　　　　　B. 错

347. 爆炸必然伴随着燃烧。(　　)

A. 对　　　　　　　　B. 错

348. 燃烧产物一般有窒息性和一定的毒性。(　　)

A. 对　　　　　　　　B. 错

349. 1211 灭火器是干粉灭火器。(　　)

A. 对　　　　　　　　B. 错

350. 铝粉和镁粉的自燃点是一个较高的温度值,不是一个范围。(　　)

A. 对　　　　　　　　B. 错

351. 通常可以将爆炸分为物理性爆炸和化学性爆炸两大类。(　　)

A. 对　　　　　　　　B. 错

352. 乙炔气瓶口着火时,设法立即关闭瓶阀,停止气体流出,火即熄灭。(　　)

A. 对　　　　　　　　B. 错

353. 在暑热夏天储存闪点高的易燃液体时,必须采取隔热降温措施,严禁明火。(　　)

A. 对　　　　　　　　B. 错

354. 在禁火区内动火一般实行三级审批制。(　　)

A. 对　　　　　　　　B. 错

355. 我国现行消防法规概括起来主要有五条。(　　)

A. 对　　　　　　　　B. 错

356. 在空气不足的情况下燃烧会生成炭粒。(　　)

A. 对　　　　　　　　B. 错

357. 引起油脂自燃的内因是有较大的氧化表面(如浸油的纤维物质),有空气,具备蓄热的条件。(　　)

A. 对　　　　　　　　B. 错

358. 发泡倍数小于 20 的称为中倍数泡沫。(　　)

A. 对　　　　　　　　B. 错

359. 灭火剂是能够有效地破坏燃烧条件,使燃烧终止的物质。(　　)

A. 对　　　　　　　　B. 错

360. 泡沫灭火器应每半年检查一次。(　　)

A. 对　　　　　　　　B. 错

361. 蒸气锅炉爆炸是一种化学爆炸。(　　)

A. 对　　　　　　　　B. 错

362. 可燃性物质发生着火的最低温度,称为着火点或燃点。(　　)

A. 对　　　　　　　　B. 错

363. 木粉的自燃点比镁粉低。(　　)

A. 对　　　　　　　　B. 错

364. 检修动火时,动火时间一次绝不能超过一天。(　　)

A. 对　　　　　　　　B. 错

365. 可燃物、助燃物和着火源构成燃烧的三个要素,缺少其中任何一个要素便不能燃烧。(　　)

A. 对　　　　　　　　B. 错

366. 泡沫灭火剂指能够与水混溶,并可通过机械或化学反应产生灭火泡沫的灭火剂。(　　)

A. 对　　　　　　　　B. 错

367. 在生产、储存和使用可燃气体的过程中,要严防容器、管道的泄漏。(　　)

A. 对　　　　　　　　B. 错

368. 氧气瓶阀门着火,只要操作者将阀门关闭,断绝氧气,火会自行熄灭。(　　)

A. 对　　　　　　　　B. 错

369. 火柴和打火机的火焰属于明火。(　　)

A. 对　　　　　　　　B. 错

370. 发泡倍数在 20~200 之间的泡沫称为高倍数泡沫。(　　)

A. 对　　　　　　　　B. 错

371. 手提式二氧化碳灭火器,是把二氧化碳以气态灌进钢瓶内的。(　　)

A. 对　　　　　　　　B. 错

372. 二氧化碳灭火器应每月检查一次。(　　)

A. 对　　　　　　　　B. 错

373. 干粉灭火器可用于扑救电气设备火灾。(　　)

A. 对　　　　　　　　B. 错

374. 许多碳素钢和低合金结构钢经正火后,各项力学性能均较好,可以细化晶粒,常用来作为最终热处理。(　　)

A. 对　　　　　　　　B. 错

375. 低碳钢焊接时,由于焊接高温的影响,晶粒长大快,碳化物容易在晶界上积聚、长大,使焊缝脆弱,焊接接头强度降低。(　　)

A. 对　　　　　　　　B. 错

376. 非金属元素虽然不具备金属元素的特征,但与金属相近,随着温度的升高,非金属的电导率减小。(　　)

A. 对　　　　　　　　B. 错

377. 钎焊时工件不进行加热,只加热钎料即可。(　　)

A. 对　　　　　　　　B. 错

378. 青铜是所有铜合金中熔点最高的铜合金。(　　)

A. 对　　　　　　　　B. 错

379. 铜的密度比铁的密度稍小。(　　)

A. 对　　　　　　　　B. 错

380. 利用电容储存电能,然后迅速释放进行加热完成点焊的方法叫作电容储能缝焊。(　　)

A. 对　　　　　　　　B. 错

381. 焊接结构中一般会产生焊接残余应力,容易导致产生延迟裂纹,因此重要的焊接结构在焊后应该进行消除应力正火。(　　　)

A. 对　　　　　　　　B. 错

382. 气体保护焊时,氢气只能与氧气混合,不能与其他气体混合,否则特别容易出现危险。(　　　)

A. 对　　　　　　　　B. 错

383. 铸铁补焊时,用栽丝法可有效防止焊缝剥离。(　　　)

A. 对　　　　　　　　B. 错

384. 铝及铝合金的焊接特点是表面容易氧化,生成致密的氧化膜,影响焊接,容易产生气孔,容易产生裂纹。(　　　)

A. 对　　　　　　　　B. 错

385. 黄铜中加入铁,可有效提高其力学性能,但耐热性和抗腐蚀性有所下降。(　　　)

A. 对　　　　　　　　B. 错

386. 压力焊与钎焊的金属结合机理完全相同。(　　　)

A. 对　　　　　　　　B. 错

387. 铝硅系列铝合金是不能热处理强化铝合金。(　　　)

A. 对　　　　　　　　B. 错

388. 等离子切割时被割金属全部电离成了金属离子。(　　　)

A. 对　　　　　　　　B. 错

389. 螺柱焊是电容储能点焊的典型应用。(　　　)

A. 对　　　　　　　　B. 错

390. 熔化极混合气体保护焊是采用在惰性气体中加入一定量的其他惰性气体进行焊接的方法。(　　　)

A. 对　　　　　　　　B. 错

391. 冷切割的主要切割方法有激光切割和水射流切割。(　　　)

A. 对　　　　　　　　B. 错

392. 电子束焊接属于高能束流焊接,它是利用加速和聚集的电子束轰击置于真空(必须是真空)的焊件所产生的热能进行焊接的方法。(　　　)

A. 对　　　　　　　　B. 错

393. 低温回火后钢材的硬度稍有降低,韧性有所提高。(　　　)

A. 对　　　　　　　　B. 错

394. 超声波焊不是压力焊。(　　　)

A. 对　　　　　　　　B. 错

395. 少量的碳和其他合金元素固溶于铁中的固溶体叫作渗碳体。(　　　)

A. 对　　　　　　　　B. 错

396. 埋弧焊电弧的电场强度较大,电流小于100 A时电弧不稳,因而不适于焊接厚度小于1 mm的薄板。(　　　)

A. 对　　　　　　　　B. 错

397. 热喷涂是一种制造堆焊层的工作方法。(　　　)

A. 对   B. 错

398. 魏氏组织是一种过热组织,是由彼此交叉约 90°的铁素体针嵌入基体的显微组织。
( )

A. 对   B. 错

399. 激光熔化切割中,工件被全部熔化后借助气流把熔化的材料喷射出去。( )

A. 对   B. 错

400. 熔化极混合气体保护焊的混合气体是将多种气体经供气系统按既定比例均匀混合后,以一定的流量通过喷嘴吹入焊接区。混合气体可以是两种气体,也可以是多种气体。
( )

A. 对   B. 错

401. 活性金属不能进行焊接。( )

A. 对   B. 错

402. 钢的密度比灰铸铁的密度大。( )

A. 对   B. 错

403. 铜及铜合金的焊接特点是难融合及易变形,容易产生热裂纹,容易产生气孔。( )

A. 对   B. 错

404. 切割分为火焰切割、电弧切割和冷切割三类。( )

A. 对   B. 错

405. 铝铜系列铝合金是不能热处理强化铝合金的。( )

A. 对   B. 错

406. 含铁素体多的钢比如低碳钢表现得软而韧。( )

A. 对   B. 错

407. 钨极和熔化极惰性气体保护焊特别适合铝、镁金属的焊接。( )

A. 对   B. 错

408. 高温下晶粒粗大的马氏体以一定温度冷却时,很容易形成魏氏组织。( )

A. 对   B. 错

409. 镇静钢中杂质少,但偏析较多。( )

A. 对   B. 错

410. 生活中常用的不锈钢大部分是马氏体不锈钢。( )

A. 对   B. 错

411. 焊接是通过加热、加压,使同种或异种两工件结合的加工工艺和连接方式。但加热和加压不可同时并用。( )

A. 对   B. 错

412. 冲击吸收功和冲击韧度的单位均为焦耳。( )

A. 对   B. 错

413. 冷弯角越大,说明金属材料的塑性越好。( )

A. 对   B. 错

414. 钎焊时必须施加一定的压力才能进行。( )

A. 对   B. 错

415. 某一种晶格上的原子部分被另一种元素的原子所取代,称为间隙固溶体。(　　)

　　A. 对　　　　　　　　　B. 错

416. 焊接工艺只能用于金属材料的连接。(　　)

　　A. 对　　　　　　　　　B. 错

417. 铁属于立方晶格,随着温度的变化,铁可以由一种晶格转变为另一种晶格。(　　)

　　A. 对　　　　　　　　　B. 错

418. 珠光体的性能介于奥氏体和渗碳体之间,结构钢很多是珠光体。(　　)

　　A. 对　　　　　　　　　B. 错

419. 所有金属中只有铜是红色的。(　　)

　　A. 对　　　　　　　　　B. 错

420. 金属材料在室温时抵抗氧化性气氛腐蚀作用的能力称为抗氧化性。(　　)

　　A. 对　　　　　　　　　B. 错

421. 低碳回火马氏体具有相当高的强度和良好的塑性和韧性相结合的特点。(　　)

　　A. 对　　　　　　　　　B. 错

422. 钛合金是高熔点金属,但也可以用相应的焊接方法进行熔化焊。(　　)

　　A. 对　　　　　　　　　B. 错

423. 激光切割时工件熔化并蒸发。(　　)

　　A. 对　　　　　　　　　B. 错

424. 某些钢材淬硬倾向大,焊后冷却过程中,由于相变产生很脆的马氏体,在焊接应力和氢的共同作用下引起开裂,形成热裂纹。(　　)

　　A. 对　　　　　　　　　B. 错

425. 奥氏体的强度和硬度不高,塑性和韧性很好。(　　)

　　A. 对　　　　　　　　　B. 错

426. 等离子切割时会产生等离子弧。(　　)

　　A. 对　　　　　　　　　B. 错

427. 黄铜中加入硅,可提高力学性能、耐腐蚀性和耐磨性,其用于制造海船零件及化工机械零件。(　　)

　　A. 对　　　　　　　　　B. 错

428. 电渣焊是一种大厚度工件的高效焊接法。(　　)

　　A. 对　　　　　　　　　B. 错

429. 等离子电弧是一种气流。(　　)

　　A. 对　　　　　　　　　B. 错

430. 金属的气割过程实质是铁在纯氧中的燃烧过程,而不是熔化过程。(　　)

　　A. 对　　　　　　　　　B. 错

431. 在一般钢材中,只有高温时存在奥氏体。(　　)

　　A. 对　　　　　　　　　B. 错

432. 铝比铜的导电性能差,但导热性好。(　　)

　　A. 对　　　　　　　　　B. 错

433. 两种或两种以上的任何元素组合成的金属,叫作合金。(　　)

A. 对　　　　　　　　B. 错

434. 焊接热影响区中各个区域与母材相比,性能不同,但组织基本相同。(　　)

A. 对　　　　　　　　B. 错

435. 调质能得到韧性和强度最好的配合,获得良好的综合力学性能。(　　)

A. 对　　　　　　　　B. 错

436. 金属的原子按一定方式有规则地排列成一定空间几何形状的结晶格子,称为晶格。(　　)

A. 对　　　　　　　　B. 错

437. 一辆小轿车上的焊点最多不能超过 10 000 个。(　　)

A. 对　　　　　　　　B. 错

438. 埋弧焊时电弧是在一层颗粒状的可熔化焊剂覆盖下燃烧,电弧不外露。(　　)

A. 对　　　　　　　　B. 错

439. 铝比铜的密度小,熔点也低。(　　)

A. 对　　　　　　　　B. 错

440. 20G 钢是低合金钢。(　　)

A. 对　　　　　　　　B. 错

441. 薄药皮电弧焊和药芯焊丝氩弧焊是同一种焊接。(　　)

A. 对　　　　　　　　B. 错

442. 不锈钢可以用火焰切割的方式进行加工。(　　)

A. 对　　　　　　　　B. 错

443. 屈服强度越高,金属材料的抗拉强度也会越大。(　　)

A. 对　　　　　　　　B. 错

444. 低碳钢焊接时,对焊接电源没有特殊要求,可采用交、直流弧焊机进行全位置焊接,工艺简单。(　　)

A. 对　　　　　　　　B. 错

445. 压焊是可以不进行加热只施加压力进行的。(　　)

A. 对　　　　　　　　B. 错

446. 中碳钢焊接时,热影响区容易产生淬硬组织。(　　)

A. 对　　　　　　　　B. 错

447. 电阻焊时加热时间短,热量集中,热影响区小。(　　)

A. 对　　　　　　　　B. 错

448. 将金属加热到一定温度,并保持一段时间,然后按适宜的冷却速度冷却到室温,这个过程称为热处理。(　　)

A. 对　　　　　　　　B. 错

449. 冲击韧度是衡量金属材料抵抗动载荷或冲击力的能力。(　　)

A. 对　　　　　　　　B. 错

450. 工业纯铝的塑性极高,强度也大。(　　)

A. 对　　　　　　　　B. 错

451. 碳弧气刨是利用碳弧的高温将金属熔化后,用压缩空气将熔化的金属吹掉的一种刨削金属的方法。(　　)

A. 对 　　　　　　　B. 错

452. 通常化合物具有较高的硬度和大的塑性,而脆性较低。(　　)

A. 对 　　　　　　　B. 错

453. 激光焊是一种利用激光的热量和压力进行的焊接,是压力焊的一种。(　　)

A. 对 　　　　　　　B. 错

454. 气割时所用的设备与气焊完全相同。(　　)

A. 对 　　　　　　　B. 错

455. 随着钢中含碳量的增加,钢中渗碳体的量将减小。(　　)

A. 对 　　　　　　　B. 错

456. 硅是一种非金属,但却具备金属的部分性质。(　　)

A. 对 　　　　　　　B. 错

457. 气焊和堆焊都是电弧焊。(　　)

A. 对 　　　　　　　B. 错

458. 一般说导电性好的材料,其导热性较差。(　　)

A. 对 　　　　　　　B. 错

459. 熔化焊是利用局部加热的方法将连接处的金属加热至熔化状态而完成的焊接方法。(　　)

A. 对 　　　　　　　B. 错

460. 接触焊是压力焊的一种。(　　)

A. 对 　　　　　　　B. 错

461. 真空扩散焊和真空钎焊属于同一类焊接。(　　)

A. 对 　　　　　　　B. 错

462. 纯铁不能用热切割的方式进行加工。(　　)

A. 对 　　　　　　　B. 错

463. 高能量密度熔焊的新发展可以大大改善材料的焊接性(　　)

A. 对 　　　　　　　B. 错

464. 奥氏体的最大特点是没有磁性。(　　)

A. 对 　　　　　　　B. 错

465. 电阻焊和电阻钎焊是两种不同的焊接方法。(　　)

A. 对 　　　　　　　B. 错

466. 氧气瓶可与乙炔瓶同车运输。(　　)

A. 对 　　　　　　　B. 错

467. 减压器在工作过程中,发现气体供应不上或压力表指针有较大摇动的原因之一是减压活门产生了冻结现象。(　　)

A. 对 　　　　　　　B. 错

468. 根据国家标准规定,氧气胶管为蓝色,乙炔胶管为红色。(　　)

A. 对 　　　　　　　B. 错

469. 乙炔胶管的内径为 10 mm。(　　)

A. 对 　　　　　　　B. 错

470. 焊工如遇到与焊割"十不烧"之中有一条不符合要求的,有权拒绝焊割。(　　)

A. 对　　　　　　　　B. 错

471. 气瓶与明火操作处距离应大于 10 m。（　　）

A. 对　　　　　　　　B. 错

472. 发生火灾,应迅速拨打火警电话"119"报警。（　　）

A. 对　　　　　　　　B. 错

473. 焊机长期超负荷运行或短路发热会使绝缘损坏而造成焊机漏电。（　　）

A. 对　　　　　　　　B. 错

474. 从业人员有危险报告义务,即发现事故隐患及时向有关部门报告。（　　）

A. 对　　　　　　　　B. 错

475. 氧气是可燃气体。（　　）

A. 对　　　　　　　　B. 错

476. 焊工在夏天操作时,由于身体出汗后工作服潮湿,因此身体不得靠在焊件上。（　　）

A. 对　　　　　　　　B. 错

477. 电弧焊作业时,如不严格遵守安全操作规程,则可能造成触电、火灾、爆炸、灼伤、中毒等事故。（　　）

A. 对　　　　　　　　B. 错

478. 电焊护目镜片的深浅色差,共分 7,8,9,10,11,12 号数种。7,8 号为最深的,适合供电流大于 350 A 的焊接时使用。（　　）

A. 对　　　　　　　　B. 错

479. 在容器内部作业时,应做好绝缘防护工作,防止触电事故。（　　）

A. 对　　　　　　　　B. 错

480. 企业在禁火区内动火,一般实行三级审批制。（　　）

A. 对　　　　　　　　B. 错

481. 弧焊机各接触点和连接件必须连接牢固,在运行中不能松动和脱落。（　　）

A. 对　　　　　　　　B. 错

482. 焊接电缆如需接长则接头不宜超过 2 个。（　　）

A. 对　　　　　　　　B. 错

483. 焊接处工作地点通道宽度应大于 1 m。（　　）

A. 对　　　　　　　　B. 错

484. 通风的方式可以是全面性的或局部性的,全面性的通风效果比较显著。（　　）

A. 对　　　　　　　　B. 错

485. 乙炔气瓶的连接形式为夹紧。（　　）

A. 对　　　　　　　　B. 错

486. 焊炬的焊嘴头被堵塞时,严禁把嘴头放在平板上摩擦。（　　）

A. 对　　　　　　　　B. 错

487. 从业人员有权拒绝违章作业指挥和强令冒险作业。（　　）

A. 对　　　　　　　　B. 错

488. 弧焊变压器过热的原因是变压器过载、变压器绕组短路。（　　）

A. 对　　　　　　　　B. 错

489. 弧焊机着火可使用泡沫灭火器灭火。（　　）

A. 对　　　　　　　B. 错

490. 液化气瓶的连接形式为倒旋螺纹。（　　）

A. 对　　　　　　　B. 错

491. "安全生产法"规定特种作业人员,必须经过专门安全作业的培训、考核合格,取得等级工证书后,方能上岗作业。（　　）

A. 对　　　　　　　B. 错

492. 氧气瓶在使用过程中,应每隔三年定期技术检验一次。（　　）

A. 对　　　　　　　B. 错

493. 乙炔发生器可不装回火保险器。（　　）

A. 对　　　　　　　B. 错

494. 碳弧气刨所用的碳棒一般是实心镀铜碳棒。（　　）

A. 对　　　　　　　B. 错

495. 如发现乙炔胶管漏气或损坏,可暂时性用胶布包扎。（　　）

A. 对　　　　　　　B. 错

496. 当焊接电流为 100～300 A 时,护目玻璃的色号应选用 9 号或 10 号。（　　）

A. 对　　　　　　　B. 错

497. 乙炔瓶在使用过程中要定期技术检验,至少每三年检验一次。（　　）

A. 对　　　　　　　B. 错

498. 灭火的基本方法是隔离、窒息、冷却等。（　　）

A. 对　　　　　　　B. 错

499. 液化气瓶的涂漆颜色为银灰色,乙炔气瓶为白色。（　　）

A. 对　　　　　　　B. 错

500. 电子束焊接时,先接通焊接设备,再打开通风设备。（　　）

A. 对　　　　　　　B. 错

501. 登高进行焊割作业,应使用标准防火安全带,使用前应仔细检查,并将安全带紧固牢靠。（　　）

A. 对　　　　　　　B. 错

502. 回火保险器的防爆膜在回火爆破后,必须及时更换符合安全规定的防爆膜。（　　）

A. 对　　　　　　　B. 错

503. 在禁火区内需要动火,必须办理动火申请手续,采取有效防范措施,经过审核批准后才能动火。（　　）

A. 对　　　　　　　B. 错

504. 油类着火可用泡沫、二氧化碳或干粉灭火器。（　　）

A. 对　　　　　　　B. 错

505. 液化石油气瓶应直立放置,防止瓶内液化气的液体流出而发生事故。（　　）

A. 对　　　　　　　B. 错

506. 焊接作业处应离易燃易爆物 10 m 以外。（　　）

A. 对　　　　　　　B. 错

507. 乙炔是助燃气体。（　　）

A. 对　　　　　　　　　B. 错

508. 焊割炬应用铜的质量分数不超过70%的铜合金制造。（　　）

A. 对　　　　　　　　　B. 错

509. 氩弧焊时，若采用钍钨棒作为电极，会产生放射性。（　　）

A. 对　　　　　　　　　B. 错

510. 氧气瓶在使用过程中，要定期技术检验，每一年检验一次。（　　）

A. 对　　　　　　　　　B. 错

511. 焊炬型号 H01－6 中，"01" 是表示换嘴式。（　　）

A. 对　　　　　　　　　B. 错

512. 氧气管道应涂天蓝色。（　　）

A. 对　　　　　　　　　B. 错

513. 弧焊发电机导线接触处过热的原因是接触处接触电阻过大或接线处螺丝过松。（　　）

A. 对　　　　　　　　　B. 错

514. 焊条电弧焊安全操作技术规定雨天禁止露天作业。（　　）

A. 对　　　　　　　　　B. 错

515. 1 体积的乙炔气完全燃烧需要 2.5 体积的氧气。（　　）

A. 对　　　　　　　　　B. 错

516. 充装液化气瓶时，瓶内不能全部充满液体，应留出 10% ~ 15% 的气化空间。（　　）

A. 对　　　　　　　　　B. 错

517. 气焊、切割时使用胶管最适宜的长度是 10 ~ 15 m。（　　）

A. 对　　　　　　　　　B. 错

518. 小雨时，可进行露天焊接作业。（　　）

A. 对　　　　　　　　　B. 错

519. 焊接就是通过加热、加压或者两者并用，并且用（或不用）填充材料，使焊件达到原子结合的一种加工方法。（　　）

A. 对　　　　　　　　　B. 错

520. 电弧辐射主要有紫外线、红外线和可见光三种射线，不会产生对人体危害较大的 X 射线等。（　　）

A. 对　　　　　　　　　B. 错

521. 减压器在调节工作压力时，应缓缓地旋转调压螺丝进行调压。（　　）

A. 对　　　　　　　　　B. 错

522. 乙炔是一种没有危险性的气体。（　　）

A. 对　　　　　　　　　B. 错

523. 氧气瓶在厂内运输要用专用小车，不得放在地上滚动。（　　）

A. 对　　　　　　　　　B. 错

524. 紫外线过度照射会造成眼睛电光性眼炎。（　　）

A. 对　　　　　　　　　B. 错

525. 为了节约能源,应尽量将乙炔瓶内的气体用完。(   )
A. 对   B. 错

526. 在容器内部进行氩弧焊时,容器外应设专人监护、配合。(   )
A. 对   B. 错

527. 弧焊发电机的电动机不启动,并发出嗡嗡声的原因是三相电动机与电网接线错误。(   )
A. 对   B. 错

528. 焊炬型号 H01 - 6 可焊接的最大厚度为6mm。(   )
A. 对   B. 错

529. 利用厂房的金属结构、轨道、管道或其他金属物搭接作为焊接回路而发生触电事故,属于间接电击。(   )
A. 对   B. 错

530. 当焊、割嘴端面黏附了许多飞溅出来的熔化金属微粒,阻塞了喷射孔,会产生回火。(   )
A. 对   B. 错

531. 碳弧气刨在容器或舱室内操作时,应加强通风、除尘措施。(   )
A. 对   B. 错

532. 可燃物发生自燃的最低温度称为自燃点。(   )
A. 对   B. 错

533. 焊割作业前的准备工作是弄清情况,保持联系;观察环境,加强防范。(   )
A. 对   B. 错

534. 熔焊是在焊接过程中,将焊件接头加热至塑性状态,然后施加一定压力完成的焊接方法。(   )
A. 对   B. 错

535. 发生触电事故后,首先应打"120",以便医务人员迅速到场进行抢救。(   )
A. 对   B. 错

536. 各单位必须贯彻的消防工作方针是"预防为主、防消结合"。(   )
A. 对   B. 错

537. 氧气瓶在冬季冻结时,只能用热水和蒸气解冻。(   )
A. 对   B. 错

538. 为了节约能源,应尽量将氧气瓶内氧气用尽。(   )
A. 对   B. 错

539. 触电时,口对口人工呼吸抢救,应掌握每分钟吹气8~10次。(   )
A. 对   B. 错

540. 乙炔管道应涂白色。(   )
A. 对   B. 错

541. 在开启气瓶阀时,操作者不应站在瓶阀出气口前面,以防高压气体突然冲击伤人。(   )
A. 对   B. 错

542. 根据国家标准规定,氧气胶管允许工作压力为1.5 MPa。(   )

A. 对　　　　　　　　B. 错

543. 严禁氧气瓶阀氧气减压器、焊炬、割炬、氧气胶管等沾上易燃物质和油脂等。（　　）

A. 对　　　　　　　　B. 错

544. 由于焊接是一个局部的、不均匀的加热、冷却或加压过程,所以焊后的金属易产生变形及应力。（　　）

A. 对　　　　　　　　B. 错

545. 有害物质进入人体的途径有呼吸道、消化道、皮肤黏膜三方面,而最主要的途径是呼吸道。（　　）

A. 对　　　　　　　　B. 错

546. 设备焊补后,进料或进气的时间应在完全冷却后进行。（　　　）

A. 对　　　　　　　　B. 错

547. 焊机的电源线长度超过 3 m 时,应架空 2.5 m 以上。（　　　）

A. 对　　　　　　　　B. 错

548. 焊割时产生的有害物质进入人体最主要的途径是呼吸道。（　　　）

A. 对　　　　　　　　B. 错

549.《安全生产违法行为行政处罚办法》中规定,特种作业人员无证擅自上岗的,必须负法律责任。（　　）

A. 对　　　　　　　　B. 错

550. 可燃物、助燃物和着火源是发生燃烧必须具备的三个必要条件。（　　　）

A. 对　　　　　　　　B. 错

551. 目前,我国生产的直流弧焊机,其空载电压不高于 90 V。（　　　）

A. 对　　　　　　　　B. 错

552. 通常氧气胶管的内径为 8 mm。（　　　）

A. 对　　　　　　　　B. 错

553. 等离子弧焊的工作气体用得最广泛的是二氧化碳气体。（　　　）

A. 对　　　　　　　　B. 错

554. 减压器冻结时,可用火烤的方法解冻。（　　　）

A. 对　　　　　　　　B. 错

555. 目前我国生产的交流弧焊机的空载电压不高于 90 V。（　　　）

A. 对　　　　　　　　B. 错

556. 氧气是助燃气体,乙炔是可燃气体。（　　　）

A. 对　　　　　　　　B. 错

557. 根据国家标准规定,乙炔胶管允许工作压力为 0.15 MPa。（　　　）

A. 对　　　　　　　　B. 错

558. 激光焊加热温度可达 5 000 ~ 9 000 ℃。（　　　）

A. 对　　　　　　　　B. 错

559. 一旦发生触电事故,受害者在 8 分钟以后才得到复苏初期处理,则其复苏的成功率为"0"。（　　）

A. 对　　　　　　　　B. 错

560. 一般在动火前应采用一嗅、二看、三测爆的检查方法。（　　）

A. 对　　　　　　　　　B. 错

561. 登高作业时,焊接设备器具应尽量放在地面。（　　）

A. 对　　　　　　　　　B. 错

562. 乙炔瓶在使用、运输和储存时,环境温度不得超过 60 ℃。（　　）

A. 对　　　　　　　　　B. 错

563. 乙炔瓶内装有浸满丙酮的多孔性填料,能使乙炔稳定、安全地储存在瓶内。（　　）

A. 对　　　　　　　　　B. 错

564. 作业部位与外单位相接触,在未弄清对外单位是否有影响,或明知危险而未采取有效的安全措施时,不能焊割。（　　）

A. 对　　　　　　　　　B. 错

565. 氧气瓶取瓶帽时,只能用手或扳手旋转,禁止用铁锤等敲击。（　　）

A. 对　　　　　　　　　B. 错

二、选择题

566. 接地装置的接地体与建筑物之间的距离不应小于（　　）m。

A. 3　　　　　　　　　B. 2　　　　　　　　　C. 1. 5

567. 关于对熔化焊操作中触电人员的急救措施,下列说法错误的是（　　）。

A. 电流对人体的作用时间愈长,对生命的威胁愈大。所以,触电急救的关键是首先要使触电者迅速脱离电源

B. 未采取绝缘措施前,救护人不得直接触及触电者的皮肤和潮湿的衣服

C. 救护人不得采用金属和其他潮湿的物品作为救护工具。但带有潮湿的塑料制品除外

568. 关于雷击和静电感应,以下说法正确的是（　　）。

A. 雷击和静电感应都会造成触电事故

B. 雷击能造成触电事故,静电感应不属于触电事故

C. 雷击不属于触电事故,静电感应属于触电事故

569. 关于对熔化焊操作中触电人员的急救措施,下列说法错误的是（　　）。

A. 应创造条件,用装有冰屑的塑料袋做成帽状缠绕在伤员头部,完全包围头部

B. 如确有需要移动时,抢救中断时间不应超过 30 s

C. 移动触电者或将其送往医院,应使用担架并在其背部垫以木板,不可让触电者身体蜷曲着进行搬运

570. 电焊作业照明灯电压应不高于（　　）V。

A. 32　　　　　　　　　B. 36　　　　　　　　　C. 38

571. 如临时需要使用较长的电源线时,应（　　）。

A. 架高 2. 5 m 以上　　　B. 架高 1. 5 m 以上　　　C. 放在地上即可

572. 为保证焊接质量,不论向单台或多台熔化焊机供电时,规定总电压降最大不超过（　　）%。

A. 5　　　　　　　　　B. 7　　　　　　　　　C. 10

573. 熔化焊机可以和(　　)设备近邻安装。(　　)
A. 氩弧焊机　　　　　　　　B. 大吨位冲压机　　　　　　C. 空气压缩机

574. 我国一般采用的安全电压为(　　)。(　　)
A. 30 V 和 15 V　　　　　　B. 36 V 和 12 V　　　　　　C. 50 V 和 25 V

575. 为了高频加热设备工作安全,要求安装专用地线,接地电阻要小于(　　)Ω。
A. 3　　　　　　　　　　　　B. 4　　　　　　　　　　　　C. 5

576. 各熔化焊机间及焊机与墙面间的通道至少为(　　)m。
A. 0.5　　　　　　　　　　　B. 1　　　　　　　　　　　　C. 2

577. 熔化焊机所用频率波动在电压为额定值时需不大于 ±(　　)%。
A. 5　　　　　　　　　　　　B. 3　　　　　　　　　　　　C. 2

578. 人体大部分浸于水中的时候,安全电压是(　　)V。
A. 36　　　　　　　　　　　B. 12　　　　　　　　　　　C. 2.5

579. 以下焊接方法中,不属于熔化焊的是(　　)。
A. 电子束焊　　　　　　　　B. 火焰钎焊　　　　　　　　C. 气保焊

580. 空气自然冷却的熔化焊机,周围空气最高温度不大于(　　)℃。
A. 50　　　　　　　　　　　B. 45　　　　　　　　　　　C. 40

581. 对于额定功率小于 16 kW 的阻焊变压器与焊钳连成一体的焊机,其空载电流的允许值可以比正常值大(　　)倍。
A. 2　　　　　　　　　　　　B. 2.5　　　　　　　　　　　C. 3

582. 触电急救的步骤正确的是(　　)。
A. 第一步是现场救护,第二步是医院诊治
B. 第一步是现场救护,第二步是使触电者迅速脱离电源
C. 第一步是使触电者迅速脱离电源,第二步是现场救护

583. 熔化焊机所用电压波动在频率为额定值时需不超过 ±(　　)%。
A. 5　　　　　　　　　　　　B. 10　　　　　　　　　　　C. 15

584. 不能防护直接触电的是(　　)。
A. 装剩余电流动作保护器　　B. 装漏电开关　　　　　　　C. 装高电流插座

585. 关于直接触电的防护措施错误的是(　　)。
A. 石棉手套防护　　　　　　B. 限制能耗防护　　　　　　C. 电气连锁防护

586. 一台新的熔化焊机在装配好出厂前要通过规定项目的试验,以下不属于该项试验的是(　　)。
A. 抗压试验　　　　　　　　B. 空载试验　　　　　　　　C. 短路试验

587. 手持式电动工具的接地线,在(　　)应进行检查。
A. 每次使用前　　　　　　　B. 每年　　　　　　　　　　C. 每月

588. 重度电击者不会出现(　　)。
A. 心室纤颤　　　　　　　　B. 瞳孔扩大　　　　　　　　C. 精神亢奋

589. 在触电者已失去知觉(心肺正常)的抢救措施中,错误的是(　　)。
A. 应使其舒适地平卧着　　　B. 解开衣服以利呼吸　　　　C. 四周要多围些人

590. 以下关于电的说法不正确的是(　　)。
A. 静电感应不会对人体造成伤害

B.高压电场会对人体造成伤害

C.高频电磁场会对人体造成伤害

591.以下说法错误的是(　　　)。(　　　　)

A.熔化焊接作业人员应做到持证上岗,杜绝无证人员进行熔化焊接作业

B.夏天天气炎热身体出汗后衣服潮湿,所以熔化焊接人员不得靠在焊件、工作台上,冬天则无此限制

C.推拉电源闸刀开关时,必须戴绝缘手套,同时头部需偏斜

592.安全电压值的规定是按公式 $U = IR$ 计算的,其中 R 是指(　　　)。

A.接地电阻　　　　　　　　B.焊机空载电阻　　　　　　　C.人体电阻

593.使用空气自然冷却的焊机,海拔高度不应超过(　　　)m。

A.1 000　　　　　　　　　　B.1 500　　　　　　　　　　C.2 000

594.不能防护间接触电的是(　　　)。

A.采用Ⅱ级电工产品

B.采用高电压

C.采用不接地的局部等电位连接保护

595.触电事故一旦发生,首先(　　　)。

A.就地抢救

B.要使触电者迅速脱离电源

C.人工呼吸

596.以下说法错误的是(　　　)。

A.电力变压器和馈电母线是否合适的决定性因素是允许电压降,不用考虑发热因素。

B.电压降应在焊机所在处测量。

C.从开关板到焊机的导线应设计成低阻抗,以使线路中的电压降最小。

597.以下说法错误的是(　　　)。

A.空载试验和短路试验拥有熔化焊机和简单测量装置即可测量

B.在长期使用熔化焊机后应对次级回路进行清理和检测

C.熔化焊机次级短路电流值,降低了焊机的焊接能力

598.以下焊接方法中,不属于熔化焊的是(　　　)。

A.埋弧焊　　　　　　　　　B.氩弧焊　　　　　　　　　　C.扩散焊

599.熔化焊机通电检查的直接目的是(　　　)。

A.检查控制设备各个按钮与开关操作是否正常

B.检查焊接电流是否正常变化

C.检查水和气是否通畅

600.在电动机的控制和保护电路中,安装的熔断器主要起(　　　)。

A.短路保护作用　　　　　　B.过载保护作用　　　　　　　C.漏电保护作用

601.以下说法错误的是(　　　)。

A.熔化焊人员手或身体的某部位接触到带电部分,而脚或身体的其他部位对地面又无绝缘时很容易发生直接电击事故

B.由于利用厂房的金属结构、管道、轨道、行车、吊钩或其他金属物搭接作为熔化焊回路而发生触电的称为间接触电

C.焊机的有保护接地或保护接零(中线)系统熔化焊人员就不会触电

602.在正常情况下电气设备不带电的外露金属部分,如金属外壳、金属护罩和金属构架等,在发生漏电、碰壳等金属性短路故障时就会出现危险的接触电压,此时人体触及这些外露的金属部分,发生触电称为( )。

　A.直接接触触电　　　　　B.间接接触触电　　　　C.非接触触电

603.关于间接触电的防护措施错误的是( )。

　A.采用安全特低电压

　B.实行电气隔离

　C.采取不等电位均压措施

604.轻度电击者不会出现( )。

　A.短暂的面色苍白　　　　B.瞳孔扩大　　　　　　C.四肢软弱

605.以下不会造成直接触电的原因有( )。

　A.已停电设备突然来电　　B.误触电气设备　　　　C.远离高压线

606.对于多数熔化焊设备而言,电力变压器是否合适的决定性因素是( )。

　A.允许的电流值　　　　　B.允许的电压降　　　　C.允许的发热程度

607.人体直接触及或过分靠近电气设备及线路的带电导体而发生的触电现象称为( )。

　A.间接接触触电　　　　　B.直接接触触电　　　　C.非接触触电

608.根据电压降来确定向一台熔化焊机供电的电力变压器功率大小时,首先要确定( )。

　A.焊机规定的最大允许压降

　B.焊机允许发热程度

　C.焊机规定的最大允许电流值

609.以下说法错误的是( )。

　A.电流对人体的危害程度与电流通过人体的途径无关

　B.电流对人体的危害程度与通过人体的电流强度有关

　C.电流对人体的危害程度与触电者的身体状况有关

610.焊机各个带电部分之间及其外壳对地之间必须符合绝缘标准的要求,其电阻值均不小于( )MΩ。

　A.1　　　　　　　　　　B.2　　　　　　　　　　C.3

611.下列不属于电弧焊的是( )。

　A.软钎焊　　　　　　　　B.二氧化碳气体保护焊　C.氩弧焊

612.下列情况不属于机械伤害事故原因的是( )。

　A.机械设备内线路不整齐

　B.机械设备超负荷运作或带病工作

　C.机械工作时,将头手伸入机械行程范围内

613.焊接车间焊工作业面积不应该小于( )m^3。

　A.4　　　　　　　　　　B.5　　　　　　　　　　C.6

614.焊接操作现场应该保持必要的通道,车辆通道的宽度不得小于( )m。

　A.2　　　　　　　　　　B.3　　　　　　　　　　C.4

615. 一般不发炎或化脓,但往往造成局部麻木和失去知觉的电击形式是( )。

A. 皮肤金属化   B. 电烙印   C. 电磁场

616. 触电金属化后的皮肤表面变得粗糙坚硬,肤色呈灰黄,是( )引起的。( )

A. 铅   B. 纯铜   C. 黄铜

617. 焊接时对人体产生的( )一方面可以出现局部振动病症状,另一方面还可能出现头眩晕、呕吐、恶心、耳聋、胃下垂、焦虑等症状。( )

A. 局部振动   B. 全身振动   C. 强烈振动

618. 不属于预防物体打击事故的措施是( )。

A. 增设机械安全防护装置和断电保护装置

B. 安全防护用品要保证质量,及时调换、更新

C. 拆除工程应有施工方案,并按要求搭设防护隔离棚和护栏,设置警示标志和搭设围网

619. 不属于预防机械伤害事故的措施是( )。

A. 操作人员要按规定操作,严禁违章作业

B. 对机械设备要定期保养、维修,保持良好运行状态

C. 经常开展电气安全检查工作

620. 电烙印式触电后肿块痕迹( )立即出现。

A. 会   B. 不会   C. 不一定

621. 熔化焊时电灼伤形式有( )种。

A. 1   B. 3   C. 2

622. 焊接操作现场应该保持必要的通道,人行通道的宽度不得小于( )m。

A. 1   B. 1.5   C. 2

623. 电灼伤处皮肤呈( )。

A. 灰黄色   B. 蓝绿色   C. 黄褐色

624. 在对密闭的容器中的空气施加压力时,空气的体积就被压缩,内部压强( )。

A. 减小   B. 增大   C. 不变

625. ( )电会使焊工产生一定的麻电现象,这在高处作业时是很危险的,所以高处作业不准使用这种频率的振荡器进行焊接。( )

A. 高频   B. 低频   C. 中频

626. 不属于预防高处坠落事故的措施是( )。

A. 提升机具要经常维修保养、检查,禁止超载和违章作业

B. 危险地段或坑井边、陡坎处增设警示、警灯、维护栏杆,夜间增加施工照明亮度

C. 电动机械设备按规定接地接零

627. 不属于预防触电事故的措施是( )。

A. 电箱门要装锁,保持内部线路整齐,按规定配置保险丝,严格一机一箱一闸一漏配置

B. 建筑物或脚手架与户外高压线距离太近的,应按规范增设保护网

C. 施工现场可稍微高出标准高度搭建机械设备

628. 下列情况不属于火灾与爆炸事故原因的是( )。

A. 熔化焊设备短路,过热引起火灾

B. 电工不按规定穿戴劳动保护用品

C.熔化焊作业中使用的焊接气体引起燃烧和爆炸

629.电磁场伤害是在指（　　　）电磁场的作用下,器官组织及其功能将受到损伤。（　　　）

A.高频　　　　　　　　B.低频　　　　　　　　C.中频

630.焊工在低频电磁场的作用下,器官组织及其功能（　　　）受到损伤。（　　　）

A.会　　　　　　　　　B.不会　　　　　　　　C.不清楚

631.我国目前试行的高频电磁场卫生学参考标准电场为（　　　）V/m。

A.10　　　　　　　　　B.20　　　　　　　　　C.30

632.下列状态既有有固定的形状,又有固定体积的是（　　　）。

A.固体　　　　　　　　B.液体　　　　　　　　C.气体

633.下列可以引起月经失调的触电伤害是（　　　）。

A.电击　　　　　　　　B.电伤　　　　　　　　C.电磁场伤害

634.下列不属于易出现机械性伤害的是（　　　）。

A.碰撞和刮蹭的伤害

B.物体坠落打击的伤害

C.电动机械设备不按规定接地接零

635.（　　　）浓度超过一定限度,特别是在密闭容器内焊接而通风不良时,可引起支气管炎、咳嗽、胸闷等症状。（　　　）

A.臭氧　　　　　　　　B.氮氧化物　　　　　　C.一氧化碳

636.雨天和雪天,（　　　）进行高空作业。

A.完全可以　　　　　　B.不可以　　　　　　　C.采取必要措施可以

637.吸入较高浓度的氟化氢气体或蒸气,（　　　）严重刺激眼、鼻和呼吸道黏膜,可发生支气管炎、骨质病变。（　　　）

A.不清楚　　　　　　　B.不会　　　　　　　　C.会

638.熔化焊时,机械危险大量表现为人员与（　　　）的接触伤害。

A.静止物件　　　　　　B.可运动件　　　　　　C.短路物件

639.高频电磁场的场强强的地点为（　　　）。

A.距离振荡器和振荡回路越近的地方

B.场强不受影响

C.距离振荡器和振荡回路越远的地方

640.不属于预防火灾与爆炸事故的措施是（　　　）。

A.经常检查地锚埋设的牢固程度

B.检查焊件连接部位情况,防止热传导引起火灾事故

C.作业完毕应做到认真检查,确认无火灾隐患后方可离开现场

641.由于电流通过人体内而造成的内部器官在生理上的反应和病变的触电形式属于（　　　）。

A.电伤　　　　　　　　B.电击　　　　　　　　C.电磁场

642.我国目前试行的高频电磁场卫生学参考标准磁场为（　　　）A/m。

A.3　　　　　　　　　B.5　　　　　　　　　　C.7

643.下列情况不属于高处坠落事故原因的是（　　　）。

A. 施工人员患有不适合高处作业的疾病,如高血压、心脏病、贫血等

B. 洞口、临边防护措施不到位

C. 未安装防雷装置

644. 短期接触电磁场电磁场,对人体的伤害作用(　　　)逐渐消除。

A. 不确定　　　　　　　　　B. 不可以　　　　　　　　　C. 可以

645. 下列情况不属于触电事故原因的是(　　　)。

A. 手持电动工具无漏电保护装置

B. 电动机械设备按规定接地接零

C. 电箱不装门、锁,电箱门出线混乱,随意加保险丝,并一闸控制多机

646. 电磁场作用对人体的危害(　　　)遗传。

A. 不一定会　　　　　　　　B. 不会　　　　　　　　　　C. 会

647. 电磁场对人体的伤害作用(　　　)逐渐积累。

A. 会　　　　　　　　　　　B. 不会　　　　　　　　　　C. 不一定会

648. 焊接时的噪声有时可高达(　　　)dB,对人体产生影响。

A. 150　　　　　　　　　　　B. 120　　　　　　　　　　　C. 100

649. (　　　)吸入人体使氧在体内的输送或组织吸收氧的功能发生障碍,使人体组织因缺氧而坏死。

A. 氮氧化物　　　　　　　　B. 一氧化碳　　　　　　　　C. 臭氧

650. 下列情况不属于物体打击事故原因的是(　　　)。(　　　)

A. 揽风绳、地锚埋设不牢或揽风绳不符合规范要求

B. 施工人员不注意自我保护,老坐在高空无护栏处

C. 起重吊装未按"十不吊"规定执行

651. 遇有四级风力、浓雾时,(　　　)进行高处作业。(　　　)

A. 不可以　　　　　　　　　B. 可以　　　　　　　　　　C. 没有影响

652. 由于不受作业地点条件的限制,具有良好灵活性特点,目前用于野外露天施工作业比较多电弧焊是(　　　)。(　　　)

A. 自动焊　　　　　　　　　B. 半自动焊　　　　　　　　C. 手工焊

653. 下列关于检举说法错误的是(　　　)。

A. 检举可以署名,也可以不署名

B. 检举可以书面形式,也可以用口头形式

C. 从业人员在行使这一权利时,不用考虑事情的真实性

654. 关于钎焊从业人员的义务,下列说法错误的是(　　　)。

A. 未造成重大事故可以自行商量决定

B. 生产经营单位必须制定本单位安全生产的规章制度和操作规程

C. 单位的负责人和管理人员有权依照规章追到和操作规程进行安全管理,监督检查从业人员遵章守规的情况

655. 下列说法错误的是(　　　)。

A. 提高责任能力,就应积极参加安全学习及安全培训

B. 正确分析、判断和处理各种事故隐患,把事故消灭在萌芽状态

C. 上岗不按规定正确佩戴和使用劳动防护用品

656. 关于《安全生产法》的核心内容正确的是(　　)。

A. 五项基本法律制度

B. 两结合监管体制与三大对策体系

C. 三方运行机制

657. 下列不是我国有关安全生产的专门法律的是(　　)。

A.《中华人民共和国劳动法》

B.《中华人民共和国突发事件应对法》

C.《服务业管理规定》

658. 技术安全具体不包括(　　)。

A. 失误—安全功能　　　　　B. 故障—安全功能　　　　　C. 以预防为主

659. 下列说法错误的是(　　)。

A. 要正确处理,及时、如实地向上级报告,并保护现场,作好详细记录

B. 私自修改操作规程

C. 按时认真进行巡回检查,发现异常情况及时处理和报告

660. 关于钎焊从业人员的义务,下列说法正确的是(　　)。

A. 未造成重大事故可以自行商量决定

B. 正确佩戴和使用劳动防护用品是从业人员必须履行的法定义务

C. 用人单位不需要为从业人员提供必要的、安全的劳动防护用品

661. 下列说法正确的是(　　)。

A. 间接或者可能危及人身安全的情况应立即撤离

B. 最大限度地保护现场作业人员的生命安全是第一位的

C. 保护现场作业人员的生命安全是次要的

662. 下列说法错误的是(　　)。

A. 危及从业人员人身安全的紧急情况必须有确实可靠的直接根据

B. 间接或者可能危及人身安全的情况应立即撤离

C. 紧急情况应为直接危及人身安全

663. 下列说法错误的是(　　)。

A. 从业人员享有拒绝违章指挥和强令冒险作业权

B. 从业人员需按照企业要求作业,否则可以被辞退

C. 企业不得因从业人员拒绝违章指挥和强令冒险作业而对其进行打击报复

664. 从业人员发现事故隐患或其他不安全因素时,错误的做法是(　　)。

A. 接到报告的人员应放置以后再处理

B. 立即向现场安全生产管理人员或本单位负责人报告

C. 接到报告的人员应当及时予以处理

665. 关于钎焊从业人员的义务,下列说法错误的是(　　)。

A. 生产经营单位的从业人员不服从管理,违反安全生产规章制度和操作规程的,由生产经营单位给予批评教育,依照有关规章制度给予处分

B. 造成重大事故,构成犯罪的,要依照《中华人民共和国刑法》有关规定追究其刑事责任

C. 私自商量决定责任

666. 下列说法错误的是( )。

A. 从业人员对于安全的知情权,是保护劳动者生命健康权的重要前提

B. 从业人员有权了解其作业场所和工作岗位与安全生产有关的情况

C. 从业人员对本单位的安全生产工没有建议权

667. 下列说法错误的是( )。

A. 不注意保持作业环境整洁

B. 爱护和正确使用机械设备、工具

C. 正确佩戴和使用劳动防护用品

668. 关于钎焊作业安全生产通用规程,说法错误的是( )。

A. 钎焊设备操作场地周围 5 m 内,不准放置易燃、易爆物品

B. 所有的手把导线与地线可以与氧气、乙炔软管混放

C. 钎焊设备不准放在高温或潮湿的地方

669. 关于钎焊作业安全生产通用规程,说法错误的是( )。

A. 上岗前可以适当喝酒取暖。

B. 工作前,操作人员要穿戴好防护用品

C. 钎焊设备不准放在高温或潮湿的地方

670. 下列说法错误的是( )。

A. 生产经营单位必须依法参加工伤社会保险,为从业人员缴纳保险费

B. 生产经营单位不得以任何形式与从业人员订立协议,免除或者减轻其对从业人员因生产安全事故伤亡依法应承担的责任

C. 工伤保险费由企业按工资总额的一定比例缴纳,劳动者个人同样需要缴费。

671. 关于监督权,下列说法错误的是( )。

A. 对进行举报有功人员不予奖励

B. 发动人民群众和社会力量对安全生产进行监督

C. 鼓励对安全生产违法行为进行举报

672. 下列有关安全生产知识的说法,错误的是( )。

A. 精心操作,严格执行钎焊工艺纪律,做好各项记录

B. 交接班无须交接安全情况

C. 正确分析、判断和处理各种事故隐患,把事故消灭在萌芽状态

673. 下列关于安全生产、安全管理的说法,错误的是( )。

A. 责任能力,就是具备安全生产的能力,发生安全生产事故如何履行自己责任的能力

B. 提高责任能力,就应积极参加安全学习及安全培训

C. 违章作业,提高生产效率

674. 关于钎焊作业安全生产通用规程,说法错误的是( )。

A. 导线、地线、手把线应一块放置

B. 认真检查与整理工作场地

C. 清除易燃、易爆物品

675. 关于钎焊从业人员的权利,说法错误的是( )。

A. 从业人员享有拒绝违章指挥和强令冒险作业权

B. 发生生产安全事故后,从业人员首先自行商量,待无法达成一致时再依照劳动合同

和工伤社会保险合同的约定,享有相应的赔付金

C.从业人员享有停止作业和紧急撤离的权利

676.下列说法错误的是( )。

A.保护现场作业人员的生命安全是次要的

B.从业人员享有停止作业和紧急撤离的权利

C.在生产过程中,经常会在作业时发生一些意外的或者人为的直接危及从业人员人身安全的危险情况

677.下列说法错误的是( )。

A.精心操作,严格执行钎焊工艺纪律,做好各项记录

B.正确分析、判断和处理各种事故隐患,把事故消灭在萌芽状态

C.擅自离开工作岗位

678.钎焊从业人员不应具有以下责任( )。

A.责任意识　　　　　　B.丰富安全生产知识　　　C.不用注意提高安全意识

679.钎焊从业人员应具有以下责任( )。

A.丰富安全生产知识,增加自我防范能力

B.原地踏步,不思进取

C.好高骛远

680.下列说法错误的是( )。

A.严格遵守本单位的安全生产规章制度和操作规程

B.服从管理

C.上岗不按规定着装

681.下列说法错误的是( )。

A.该项权利适用于某些从事特殊职业的从业人员

B.出现危及人身安全的紧急情况时,首先是停止作业,并尽早采取应急措施

C.采取应急措施无效时,迅速撤离作业场所

682.关于钎焊作业安全生产通用规程,说法正确的是( )。

A.所有的手把导线与地线可以与氧气、乙炔软管混放

B.认真检查设备、用具是否良好安全,检查钎焊设备金属外壳的接地线是否符合安全要求,不得有松动或虚连

C.上岗前可以适当喝酒取暖

683.下列说法错误的是( )。

A.不正确使用机械设备

B.交接班必须交接安全情况

C.认真学习和严格遵守钎焊安全生产各项规章制度,不违反劳动纪律,不违章作业

684.事故隐患不包括( )。

A.火灾　　　　　　　　B.中毒　　　　　　　　C.正确使用设备

685.生产安全事故不包括( )。

A.生产过程中造成人员伤亡、伤害

B.职业病

C.设备更新的损失

686.下列不是我国有关安全生产的专门法律的是(　　)。

A.《中华人民共和国消防法》

B.《交通安全条例》

C.《中华人民共和国海上交通安全法》

687.下列说法错误的是(　　)。

A.从业人员依法享有工伤保险和伤亡求偿的权利。法律规定这项权利必须以劳动合同必要条款的书面形式加以确认

B.从业人员获得工伤社会保险赔付和民事赔偿的金额标准、领取和支付程序,可以自行商量决定

C.依法为从业人员缴纳工伤社会保险费和给予民事赔偿,是生产经营单位的法律义务

688.下列不是我国有关安全生产的专门法律的是(　　)。

A.《中华人民共和国安全生产法》

B.《妨碍公共安全法》

C.《中华人民共和国道路交通安全法》

689.关于钎焊从业人员的义务,下列说法错误的是(　　)。

A.用人单位不需要为从业人员提供必要的、安全的劳动防护用品

B.正确佩戴和使用劳动防护用品是从业人员必须履行的法定义务

C.从业人员不履行该项义务而造成人身伤害的,单位不承担法律责任

690.关于钎焊从业人员的义务,下列说法错误的是(　　)。

A.生产经营单位的从业人员可以不服从管理,但必须符合法律规定

B.生产经营单位必须制定本单位安全生产的规章制度和操作规程

C.从业人员必须严格依照这些规章制度和操作规程进行生产经营作业

691.下列说法错误的是(　　)。

A.安全生产的批评权,是指从业人员对本单位安全生产工作中存在的问题有提出批评的权利

B.安全生产的检举权、控告权,是指从业人员对本单位及有关人员违反安全生产法律、法规的行为,有向主管部门和司法机关进行检举和控告的权利

C.检举必须署名

692.《安全生产许可证条例》的主要内容包括(　　)。

A.目的、对象与管理机关

B.违法行为及处罚方式

C.七项基本法律制度

693.以气体为置换介质时的需用量一般为被置换介质容积的(　　)倍以上。

A.3　　　　　　　　　B.4　　　　　　　　　C.5

694.带压不置换焊割的特点不包括(　　)。

A.费时麻烦　　　　　　B.程序少　　　　　　C.作业时间短

695.水下气割又称为(　　)。

A.氧－弧水下热切割　　B.氧－可燃气热切割　　C.金属－电弧水下热切割

696.目前,有部门规定氢气、一氧化碳、乙炔和发生炉煤气等极限含氧量的安全值为不超过(　　)%。

A.1　　　　　　　　　　B.3.6　　　　　　　　　　C.5.2

697.湿法焊接时,电流较大气中焊接电流大(　　　)。

A.10%~15%　　　　　　B.12%~18%　　　　　　C.15%~20%

698.置换焊补工作场所应有足够的照明,手提行灯应采用的安全电压为(　　　)V。

A.10　　　　　　　　　　B.12　　　　　　　　　　C.14

699.电焊机及其他焊割设备与高处焊割作业点的下部地面要保持(　　　)m以上。

A.10　　　　　　　　　　B.15　　　　　　　　　　C.20

700.登高焊接与热切割作业是指焊工在坠落高度基准面(　　　)m以上。(　　　)

A.1　　　　　　　　　　B.2　　　　　　　　　　C.4

701.水下焊接方法不包括(　　　)。

A.干法焊接　　　　　　B.湿法焊接　　　　　　C.局部湿法焊接

702.不属于置换焊补时常用的置换介质的是(　　　)。

A.氮气　　　　　　　　B.水蒸气　　　　　　　C.氧气

703.低倍数泡沫的发泡倍数小于(　　　)。

A.20　　　　　　　　　　B.30　　　　　　　　　　C.40

704.下列液体中闪点最大的是(　　　)。

A.甲醇　　　　　　　　B.乙醇　　　　　　　　C.桐油

705.射程最远的灭火器是(　　　)。

A.二氧化碳灭火器　　　B.1211灭火器　　　　　C.泡沫灭火器

706.当气体导管漏气着火时,首先应将焊炬的火焰熄灭,并立即关闭阀门,切断可燃气体源,扑灭燃烧气体可采用(　　　)。

A.水　　　　　　　　　B.湿布　　　　　　　　C.灭火器

707.可燃粉尘爆炸主要发生在(　　　)。

A.生产设备内部　　　　B.容器内部　　　　　　C.室内

708.下列着火源不包括(　　　)。

A.化学反应热　　　　　B.氢气　　　　　　　　C.静电荷产生的火花

709.下列助燃物不包括(　　　)。

A.空气　　　　　　　　B.氧气　　　　　　　　C.乙烯

710.我国现行的消防技术标准不包括(　　　)。

A.消防产品的标准体系　　B.工程建筑消防技术规范　　C.产品质量消防技术规范

711.下列不属于燃烧产物的是(　　　)。

A.五氧化二磷　　　　　B.灰粉　　　　　　　　C.一氧化氮

712.下列现象属于燃烧的是(　　　)。

A.点燃的火柴　　　　　B.金属生锈　　　　　　C.生石灰遇水

713.可燃物质在混合物中发生爆炸的最低浓度称为(　　　)。

A.爆炸极限　　　　　　B.爆炸下限　　　　　　C.爆炸上限

714.松节油的爆炸浓度极限为(　　　)。

A.0.8%~62%　　　　　　B.8%~62%　　　　　　C.0.8%~6.2%

715.可燃蒸气与空气混合的浓度往往可达到爆炸极限的条件不包括(　　　)。

A.液体燃料容器通风不良　　B.室内通风良好　　　　C.管道通风不良

716. 水下切割时要慎重考虑切割位置和方向,最好先从距离水面(   )。

A. 最近的部位着手,向下割

B. 最远的部位着手,向上割

C. 中间的部位着手,向两端割

717. 灭火剂不包括(   )。

A. 水　　　　　　B. 二氧化碳　　　　　　C. 氯化钠

718. 爆炸下限较低的可燃气体、蒸气或粉尘,危险性(   )。

A. 较大　　　　　　B. 较小　　　　　　C. 没影响

719. 下列不属于一级动火范围的是(   )。

A. 大型油罐　　　　　　B. 密闭室　　　　　　C. 酒精炉

720. 灭火时应采取的措施不包括(   )。

A. 防中毒　　　　　　B. 防化学反应　　　　　　C. 防倒塌

721. 焊补燃料容器和管道的常用安全措施有两种,称为(   )。

A. 置换焊补、带压置换焊补

B. 置换焊补、带压不置换焊补

C. 大电流焊补、带料焊补

722. (   )由逆止阀与火焰消除器组成,前者阻止可燃气的回流,以免在气管内形成爆炸性混合气,后者能防止火焰流过逆止阀时,引燃气管中的可燃气。

A. 防爆阀　　　　　　B. 装回火防止器　　　　　　C. 通气阀

723. 水不能扑救的火灾是(   )。

A. 森林火灾

B. 原油火灾

C. 储存大量浓硫酸、浓硝酸的场所发生火灾

724. 化学物质或油脂污染的设备都应(   )动火。

A. 水洗后　　　　　　B. 酸洗后　　　　　　C. 清洗中

725. 下列(   )不是导致着火的火源。(   )

A. 火焰　　　　　　B. 荧光　　　　　　C. 电火花

726. 无机可燃物质不包括(   )。

A. 丙炔　　　　　　B. 氢气　　　　　　C. 一氧化碳

727. 下列物质中燃点最高的是(   )。

A. 蜡烛　　　　　　B. 豆油　　　　　　C. 煤油

728. 关于水的灭火机理错误的是(   )。

A. 潮湿　　　　　　B. 冷却　　　　　　C. 窒息

729. 乙炔气着火不能用的灭火器是(   )。

A. 二氧化碳灭火器　　　　B. 干粉灭火器　　　　C. 泡沫灭火器

730. 发生自燃可能性最大的是(   )。

A. 植物油　　　　　　B. 动物油　　　　　　C. 纯粹的矿物油

731. 按组成的不同,可燃物质不包括(   )。

A. 无机可燃物质　　　　B. 液态可燃物质　　　　C. 有机可燃物质

732. 燃烧的类型不包括(   )。

A.闪燃　　　　　　　　　B.着火　　　　　　　　　C.闪点

733.化学反应热不包括(　　　)。

A.本身自燃　　　　　　　B.遇火燃烧　　　　　　　C.放热反应

734.发生化学性爆炸的物质,按其特性不包括(　　　)。

A.炸(火)药

B.汽油

C.可燃物质与空气形成的爆炸性混合物

735.不同的可燃液体有不同的闪点,闪点越低,火险(　　　)。

A.越大　　　　　　　　　B.越小　　　　　　　　　C.不变

736.下列不会带来爆炸隐患的焊接操作是(　　　)。

A.水下氧弧切割　　　　　B.热割缆切割珊瑚或岩石　C.烙铁钎焊

737.压焊工作中容易发生的事故不包括(　　　)。

A.化学反应　　　　　　　B.火灾　　　　　　　　　C.爆炸

738.氢气的爆炸上限为(　　　)%。(　　　)

A.70　　　　　　　　　　B.75　　　　　　　　　　C.80

739.在水下操作时,如焊工不慎跌倒或气瓶用完更换新瓶时,常因供气压力低于割炬所处的水压力而失去平衡,这时极易发生(　　　)。

A.熄火　　　　　　　　　B.火焰变强　　　　　　　C.回火

740.可燃气体易与空气混合的条件不包括(　　　)。

A.容器设备内部　　　　　B.室内通风不良　　　　　C.容器设备外部

741.水下焊接时为防止高温熔滴落进潜水服的折迭处或供气管,烧坏潜水服或供气管,尽量避免(　　　)。

A.横焊　　　　　　　　　B.平焊　　　　　　　　　C.仰焊和仰割

742.动火执行人员拒绝动火的原因不包括(　　　)。

A.未经申请动火　　　　　B.有动火证　　　　　　　C.超越动火范围

743.焊机着火首先应拉闸断电,然后再灭火,在未断电前不能用(　　　)。

A.二氧化碳灭火器　　　　B.水　　　　　　　　　　C.干粉灭火器

744.下列可以作为电焊机回路的导电体的是(　　　)。

A.油管　　　　　　　　　B.海水　　　　　　　　　C.专用导电体

745.泡沫灭火剂按其灭火的适用范围不包括(　　　)。

A.普通型　　　　　　　　B.抗溶泡沫灭火剂　　　　C.机械泡沫灭火剂

746.相同质量的气体,体积越小,则压力就(　　　)。

A.越大　　　　　　　　　B.越小　　　　　　　　　C.不变

747.我国现行的消防法规体系不包括(　　　)。

A.消防法律　　　　　　　B.消防法规　　　　　　　C.刑事法规

748.物质的自燃点越低,发生火灾的危险就(　　　)。

A.越大　　　　　　　　　B.越小　　　　　　　　　C.两者无关

749.干粉灭火器的优点不包括(　　　)。

A.灭火效力大　　　　　　B.速度快　　　　　　　　C.导电

750.湿法水下焊接时使用的可燃气体是(　　　)。

A. 氧气 　　　　　　　B. 氢氧混合气体 　　　　　C. 乙炔

751. 下列合金中,钎焊性最好的铝合金是(　　)。

A. 铝硅系 　　　　　　B. 铝锰系 　　　　　　　　C. 铝铜系

752. 氩弧焊时的热源和填充焊丝(　　)。

A. 分别控制

B. 关联控制

C. 可根据情况进和分别控制和关联控制

753. 马氏体的体积比相同质量的奥氏体的体积(　　)。

A. 相同 　　　　　　　B. 小 　　　　　　　　　　C. 大

754. 调质处理是指淬火后再进行(　　)。

A. 低温回火 　　　　　B. 中温回火 　　　　　　　C. 高温回火

755. 一般用作过热器管等材料的抗氧化腐蚀速度指标控制在(　　)mm/d。(　　)

A. 0.01 　　　　　　　B. 0.05 　　　　　　　　　C. 0.1

756. 珠光体是一种(　　)。

A. 单质 　　　　　　　B. 化合物 　　　　　　　　C. 混合物

757. 切削性能好的金属材料是(　　)。

A. 镁合金 　　　　　　B. 灰铸铁 　　　　　　　　C. 铝合金

758. 钢的淬火处理可提高其(　　)。

A. 硬度 　　　　　　　B. 韧度 　　　　　　　　　C. 耐腐蚀性

759. 埋弧焊由于采用颗粒状焊剂,所以此种焊接方法一般只适用于焊接的位置是(　　)。

A. 横焊 　　　　　　　B. 平焊 　　　　　　　　　C. 竖焊

760. 钢铁材料淬火后形成的最后组织是(　　)。

A. 奥氏体 　　　　　　B. 铁素体 　　　　　　　　C. 马氏体

761. 微束等离子弧焊接是指小电流下的熔入型等离子弧焊接,电流可选(　　)A。

A. 10 　　　　　　　　B. 25 　　　　　　　　　　C. 40

762. 魏氏组织是一种过热组织,是由彼此交叉的铁素体针嵌入基体的显微组织,其交叉角度为(　　)°。

A. 30 　　　　　　　　B. 45 　　　　　　　　　　C. 60

763. 普通低合金钢中合金元素的含量一般不超过(　　)%。

A. 2 　　　　　　　　B. 3.5 　　　　　　　　　C. 5

764. 对黄铜进行气焊时,应采用(　　)。

A. 弱碳化焰 　　　　　B. 弱氧化焰 　　　　　　　C. 中性焰

765. 为了改善焊接接头性能,消除粗晶组织及促使组织均匀等,常采用的热处理方式为(　　)。

A. 回火 　　　　　　　B. 正火 　　　　　　　　　C. 退火

766. 氩气能有效地隔绝周围空气,它本身,不溶于金属,但(　　)。

A. 与金属反应 　　　　B. 不与金属反应 　　　　　C. 两者都有可能

767. 钢材在拉伸过程中,当拉应力达到某一数值而不再增加时,其变形却继续增加,这个拉应力值称为(　　)。

A. 屈服强度　　　　　　　B. 抗拉强度　　　　　　　C. 抗剪强度

768. 工业中常用的铸铁含碳质量分数一般在(　　　)。

A. 1.5% ~ 2.5%　　　　　B. 2.5% ~ 4.0%　　　　　C. 4.0% ~ 5.0%

769. 采用熔化极氩弧焊焊接铝合金时,采用的方法为(　　　)。

A. 交流电源　　　　　　　B. 直流正接　　　　　　　C. 直流反接

770. 高温回火的温度一般为(　　　)。

A. 650 ℃ ~ 800 ℃　　　B. 500 ℃ ~ 650 ℃　　　C. 350 ℃ ~ 500 ℃

771. 钢中的渗碳体可增加钢的(　　　)。

A. 强度　　　　　　　　　B. 塑性　　　　　　　　　C. 韧性

772. 采用钨极氩弧焊焊接铜合金时,一般采用(　　　)。

A. 交流电源　　　　　　　B. 直流正接　　　　　　　C. 直流反接

773. 火焰切割是最老的热切割方式,其切割金属厚度范围为(　　　)。

A. 1 mm ~ 100 mm　　　B. 1 mm ~ 500 mm　　　C. 1 mm ~ 1 000 mm

774. 下列金属中,导电性最好的是(　　　)。

A. 银　　　　　　　　　　B. 铜　　　　　　　　　　C. 铝

775. 中碳钢焊接时,由于母材金属含碳量较高,所以焊缝的含碳量也较高,容易产生(　　　)。

A. 冷裂纹　　　　　　　　B. 热裂纹　　　　　　　　C. 延迟裂纹

776. 在焊接中碳钢和某些合金钢时,热影响区中可能发生淬火现象而变硬,易形成(　　　)。

A. 热裂纹　　　　　　　　B. 气孔　　　　　　　　　C. 冷裂纹

777. 铜及铜合金焊接时,产生气孔的倾向(　　　)。

A. 小　　　　　　　　　　B. 一般　　　　　　　　　C. 大

778. 采用钨极氩弧焊焊接铝合金时,采用的方法为(　　　)。

A. 交流电源　　　　　　　B. 直流正接　　　　　　　C. 直流反接

779. 表示金属材料伸长率的符号是(　　　)。

A. Z　　　　　　　　　　B. R　　　　　　　　　　C. A

780. 加热可以增强原子的(　　　)。

A. 动能　　　　　　　　　B. 热能　　　　　　　　　C. 势能

781. 获得"阴极破碎"作用时,采用的是(　　　)。

A. 直流正接　　　　　　　B. 直流反接　　　　　　　C. 交流电源

782. 超声波焊时,高频发生器产生的高频电,高频发生器的频率一般为(　　　)Hz。

A. 10　　　　　　　　　　B. 50　　　　　　　　　　C. 100

783. 钢的硬度在(　　　)范围时,其切削性能好。(　　　)

A. HRC50 ~ 60　　　　　B. HB180 ~ 200　　　　　C. HV900 ~ 950

784. 铸件进行补焊前必须进行预热,热补焊的温度一般为(　　　)。

A. 600 ℃ 至 700 ℃　　　B. 500 ℃ 至 600 ℃　　　C. 400 ℃ 至 500 ℃

785. 焊接性评定方法有很多,其中广泛使用的方法是(　　　)。

A. 磷当量法　　　　　　　B. 硫当量法　　　　　　　C. 碳当量法

786. 焊接是使两工件产生(　　　)结合的方式。(　　　)

A. 分子   B. 原子   C. 电子

787. 金属材料在破坏前所承受的最大拉应力,叫作材料的(　　)。

A. 屈服强度   B. 抗拉强度   C. 抗剪强度

788. 普通黄铜中加入(　　)元素,可使合金的切削加工性能特别好,称快切黄铜。(　　)

A. 硫   B. 锰   C. 铅

789. 为提高钢铁材料的弹性极限和屈服强度,同时保证较好的韧性,最好采用(　　)。

A. 低温回火   B. 中温回火   C. 高温回火

790. 铸件进行补焊前必须进行预热,半热补焊的温度一般为(　　)。

A. 500 ℃ ~550 ℃   B. 400 ℃ ~500 ℃   C. 350 ℃ ~400 ℃

791. 对纯铜进行气焊时,应采用(　　)。

A. 弱碳化焰   B. 弱氧化焰   C. 中性焰

792. 在激光气化切割过程中,材料在割缝处发生气化,此情况下需要的激光功率(　　)。

A. 小   B. 一般   C. 大

793. 下列焊接方法属于焊条电弧焊的是(　　)。

A. 气焊   B. 埋弧焊   C. 手工电弧焊

794. 退火后钢铁材料的硬度一般会(　　)。

A. 降低   B. 不变   C. 增大

795. 青铜的可塑性(　　)。

A. 一般   B. 好   C. 差

796. 铸铁焊补主要用于(　　)。

A. 麻口铸铁   B. 白口铸铁   C. 灰口铸铁

797. 与其他铜合金相比,机械性能和物理性能都较好的是(　　)。

A. 白铜   B. 黄铜   C. 青铜

798. 钎焊时,钎料和母材(　　)。

A. 都熔化   B. 都不熔化   C. 钎料熔化但母材不熔化

799. 黄铜主要是铜元素与(　　)元素组成的合金。(　　)

A. 锡   B. 锌   C. 铝

800. 硬铝合金的塑性(　　)。

A. 好   B. 一般   C. 差

801. 铝合金存在的最大问题是(　　)。

A. 不耐腐蚀   B. 不耐热   C. 强度不高

802. 埋弧焊的焊接速度(　　)。

A. 大   B. 小   C. 一般

803. 切割厚金属板唯一经济有效有手段是(　　)。

A. 火焰切割   B. 激光切割   C. 等离子切割

804. 热切割时不会产生的污染是(　　)。

A. 光污染   B. 电弧污染   C. 烟雾污染

805. 二氧化碳气体保护焊的主要缺点是焊接过程中产生(　　)。

A.裂纹　　　　　　　　B.粘钨　　　　　　　　C.飞溅

806.焊后热处理是指（　　）。

A.高温退火　　　　　　B.中温退火　　　　　　C.低温退火

807.白铜主要是铜元素与（　　）元素组成的合金。（　　）

A.铝　　　　　　　　　B.锡　　　　　　　　　C.镍

808.螺柱焊接方法属于（　　）。

A.熔化焊　　　　　　　B.压力焊　　　　　　　C.钎焊

809.高碳钢比低碳钢的焊接性（　　）。

A.好　　　　　　　　　B.相差不大　　　　　　C.差

810.纯铜是指（　　）。

A.紫铜　　　　　　　　B.黄铜　　　　　　　　C.白铜

811.铝镁系列铝合金的焊接性（　　）。

A.好　　　　　　　　　B.一般　　　　　　　　C.差

812.淬火后进行回火,可以在保持一定强度的基础上恢复钢的（　　）。

A.韧性　　　　　　　　B.硬度　　　　　　　　C.强度

813.对于相同厚度的结构钢,采用激光火焰切割可得到的切割速率比熔化切割
要（　　）。

A.小　　　　　　　　　B.大　　　　　　　　　C.相同

814.金属材料的工艺性能是指（　　）。

A.冷加工性　　　　　　B.热加工性　　　　　　C.冷热可加工性

815.钨极氩弧焊的代表符号为（　　）。

A.WIG　　　　　　　　B.TIG　　　　　　　　C.MIG

816.普通低合金钢焊接时,为避免热影响区的淬硬倾向,可采用的措施为（　　）。

A.增大焊接速度　　　　B.增大焊接电流　　　　C.使用保护气体

817.物质单位体积所具有的质量称为（　　）。

A.强度　　　　　　　　B.密度　　　　　　　　C.硬度

818.等离子弧能量集中、温度高,另外会有（　　）。

A.熔孔效应　　　　　　B.小孔效应　　　　　　C.穿孔效应

819.锻铝的耐腐蚀性（　　）。

A.好　　　　　　　　　B.一般　　　　　　　　C.差

820.压力焊中最早的半机械化焊接方法是（　　）。

A.点焊　　　　　　　　B.缝焊　　　　　　　　C.对焊

821.高碳钢焊接时对气孔的敏感性（　　）。

A.大　　　　　　　　　B.小　　　　　　　　　C.一般

822.随着温度的升高,金属的导电性（　　）。

A.增大　　　　　　　　B.减小　　　　　　　　C.不变

823.强度最好的铝合金是（　　）。

A.硬铝　　　　　　　　B.锻铝　　　　　　　　C.超硬铝

824.高碳钢的导热性（　　）。

A.好　　　　　　　　　B.一般　　　　　　　　C.差

825. 能够提高金属材料切削性能的元素是( )。

A. 硫　　　　　　　　　B. 锰　　　　　　　　　C. 硅

826. 二氧化碳气体保护焊时,为了控制熔深,一般调节( )。

A. 燃弧时间　　　　　　B. 电流大小　　　　　　C. 焊丝粗细

827. 青铜主要是铜元素与( )元素组成的合金。( )

A. 铝　　　　　　　　　B. 锡　　　　　　　　　C. 镍

828. 沸腾钢中的杂质较多,一般有( )。

A. 硫　　　　　　　　　B. 镍　　　　　　　　　C. 硅

829. 焊接结构中应用最广泛的铝合金是( )。

A. 锻铝　　　　　　　　B. 防锈铝　　　　　　　C. 硬铝

830. 利用氢氧混合气体进行焊接时,被焊工件的厚度( )。

A. 较小　　　　　　　　B. 较大　　　　　　　　C. 中等

831. 铁素体的简写符号为( )。

A. P　　　　　　　　　　B. F　　　　　　　　　　C. T

832. 魏氏组织使钢材性能变变化为( )。

A. 塑性增大　　　　　　B. 韧性下降　　　　　　C. 脆性减小

833. 采用钨极氩弧焊焊接工件时,( )。

A. 需要填加焊丝　　　　B. 不需要填加焊丝　　　C. 两者均可

834. 下列焊接方法中不属于压力焊的是( )。

A. 气保焊　　　　　　　B. 超声波焊　　　　　　C. 爆炸焊

835. 冷补焊铸铁时,焊缝为非铸铁型焊缝,所采用的焊接材料是( )。

A. 异质焊接材料　　　　B. 同质焊接材料　　　　C. 灰铸铁

836. 洛氏硬度的符号是( )。

A. HRC　　　　　　　　B. HB　　　　　　　　　C. HV

837. 超硬铝合金的代号是( )。

A. LF　　　　　　　　　B. LY　　　　　　　　　C. LC

838. 铜及铜合金导热性能好,所以焊接前一般应( )。

A. 可不预热　　　　　　B. 应预热　　　　　　　C. 必须气保护预热

839. 焊接性好的钢种是( )。

A. 低碳钢　　　　　　　B. 中碳钢　　　　　　　C. 高碳钢

840. 铸铁常用的焊接方法有( )。

A. 氩弧焊　　　　　　　B. 气体保护焊　　　　　C. 焊条电弧焊

841. 对金属材料进行钨极氩弧焊时,焊接接头的熔深( )。

A. 大　　　　　　　　　B. 小　　　　　　　　　C. 一般

842. 有色金属是相对黑色金属而言的,下列金属属于有色金属的是( )。

A. 铝　　　　　　　　　B. 铁　　　　　　　　　C. 铬

843. 当焊接电流大于 350 A 时,焊工选用护目玻璃的色号为:( )

A. 12　　　　　　　　　B. 10　　　　　　　　　C. 9

844. 根据国家标准规定,氧气胶管允许工作压力为:( )

A. 1 MPa　　　　　　　B. 1.5 MPa　　　　　　C. 2 MPa

845. 当工频电流通过人体时,可使人致死的电流值为:(   )

A.10 m   B.50 m   C.100 m

846. 乙炔瓶内气体严禁用尽,必须留有剩余压力为:(   )

A.0.3～0.4 MPa   B.0.2～0.3 MPa   C.0.05～0.1 MPa

847. 电弧焊时为防止发生火灾、爆炸事故,作业场所应备有足够的:(   )

A.消防人员   B.消防器材   C.监护人员

848. 在容器内的液体或气体的体积迅速膨胀,使其压力急剧增加,由于超压力和应力变化使容器发生爆炸的现象称为(   )。

A.物理爆炸   B.化学爆炸   C.核爆炸

849. 通常氧气胶管的内径为(   )。

A.8 mm   B.10 mm   C.12 mm

850. 连接焊、割炬的胶管长度不能短于(   )。

A.5 m   B.8 m   C.10 m

851. 等离子弧焊接和切割时,工件搁架应离地(   )。

A.200 mm   B.400 mm   C.500 mm

852. 焊机接地回线乱接乱搭易造成:(   )

A.中毒事故   B.触电事故   C.火灾事故

853. 登高作业脚手板的单人道宽度不得小于(   )。

A.0.6 m   B.1.2 m   C.2 m

854. 真空电子束焊时,要严格检查真空室是否密闭,防止逸出(   )。

A.X 射线   B.γ 射线   C.β 射线

855. 乙炔瓶阀下面的填料中心部分长孔内放有石棉,其作用是(   )。

A.防止丙酮流出

B.帮助乙炔从多孔性填料中分解出来

C.防止回火

856. 氧气瓶的涂漆颜色为(   )。

A.深绿色   B.天蓝色   C.银灰色

857. 通常乙炔胶管的内径为(   )。

A.8 mm   B.10 mm   C.12 mm

858. 从事特种作业人员,经专门的培训和考核,取得(   )证后,方可独立操作。

A.上岗证   B.特种作业操作证   C.等级工证

859. 氧气瓶的连接形式为(   )。

A.倒旋螺纹   B.顺旋螺纹   C.夹紧

860. 液化气瓶的连接形式为(   )。

A.倒旋螺纹   B.顺旋螺纹   C.夹紧

861. 弧焊机的接地电阻不得大于(   )。

A.3 Ω   B.4 Ω   C.5 Ω

862. 发生火警或爆炸事故,必须立即向:(   )

A.厂领导汇报   B.车间主任报告   C.当地公安消防部门报警

863. 为防止光线直接照射到皮肤及防止飞溅物落到身上,要穿着焊工专用的工作服和鞋,工作服应是(　　　)。

 A. 蓝色的   B. 白色的   C. 灰色的

864. 焊割时产生的有害物质进入人体的最主要途径是(　　　)。

 A. 呼吸道   B. 消化道   C. 皮肤黏膜

865. 紫外线对人体的危害主要是造成皮肤和眼睛的伤害,其引起的原因是紫外线的(　　　)。

 A. 热作用   B. 光化学作用   C. 电离作用

866. 一旦发生触电事故,进行二期复苏、处理的时间必须在(　　　)。

 A. 4 分钟内   B. 8 分钟内   C. 12 分钟内

867. 设备焊补后,进料和进气的时间应在(　　　)。

 A. 完全冷却后进行   B. 焊后立即进行   C. 稍待冷却后进行

868. 通过人体的电流越大,致命危险性(　　　)。

 A. 就越小   B. 就越大   C. 与电流大小无关

869. 乙炔是具有(　　　)。

 A. 无色无味的气体   B. 爆炸危险的气体   C. 安全性的气体

870. 氧气瓶不可放置在(　　　)。

 A. 木板上   B. 泥土地上   C. 焊割施工的钢板上

871. 乙炔是一种(　　　)。

 A. 助燃性气体   B. 可燃性气体   C. 惰性气体

872. 长期接触电弧辐射,从而引起白内障的射线是(　　　)。

 A. 紫外线   B. 红外线   C. 可见光

873. 严禁进行电弧焊作业的场所是(　　　)。

 A. 露天   B. 油库、中心乙炔站   C. 水库

874. 氧气是一种(　　　)。

 A. 惰性气体   B. 可燃性气体   C. 助燃性气体

875. 电焊机着火在未断电前不能用(　　　)。

 A. 干粉灭火器灭火   B. 水或泡沫灭火器灭火   C. 二氧化碳灭火器灭火

876. 弧焊发电机的接触处接触电阻过大或接线处螺丝过松,会造成的故障是(　　　)。

 A. 电动机反转   B. 导线接触处过热   C. 电刷有火花

877. 一旦发生触电事故,进行二期复苏处理的时间必须在(　　　)。

 A. 20 分钟内   B. 16 分钟内   C. 8 分钟内

878. 为确保零线回路不中断,在接零线上(　　　)。

 A. 应设置熔断器   B. 应设置开关   C. 不准设置容断器或开关

879. 电流对人体造成的外伤称为(　　　)。

 A. 电击伤   B. 电磁生理伤害   C. 电灼伤

880. 危险性较大、重点要害部门的动火需经(　　　)。

 A. 动火的车间或部门领导批准

 B. 安全消防部门批准

 C. 企业领导批准

881. 发生触电事故时,对触电者进行急救最为重要的第一步是(　　　)。

A. 首先使触电者脱离电源　　B. 进行人工呼吸　　　　C. 进行体外心脏按压

882. 在空气中乙炔含量在(　　)范围时,遇静电火花,高温就会发生爆炸。

A. 2.2% ~81%　　　　　　B. 2.8% ~90%　　　　　C. 2.8% ~93%

883. 将灭火剂直接喷洒在燃烧着的物体上,使可燃物的温度降低到燃点以下,从而使燃烧终止的方法称为(　　)。

A. 冷却灭火法　　　　　　B. 隔离灭火法　　　　　C. 窒息灭火法

884. 乙炔瓶在使用过程中要定期技术检验,检验时间至少(　　)。

A. 一年一次　　　　　　　B. 二年一次　　　　　　C. 三年一次

885. 水下焊接与切割时焊接电源应选用(　　)。

A. 交流电　　　　　　　　B. 直流电　　　　　　　C. 交直流均可

886. 红外线是热辐射线,长期受到照射,会使眼睛晶体变化,严重的会导致(　　)。

A. 电光性眼炎　　　　　　B. 白内障　　　　　　　C. 近视眼

887. 钨极氩弧焊是属于(　　)。

A. 熔化极氩弧焊　　　　　B. 非熔化极氩弧焊　　　C. 可变熔化极氩弧焊

888. 氧气瓶内的氧气不能全部用完,最后要留有余气(　　)。

A. 0.1 ~0.2 MPa　　　　　B. 0.2 ~0.3 MPa　　　　C. 0.3 ~0.4 MPa

889. 焊接电弧是由三部分组成,焊条电弧焊时,温度最高的区域为(　　)。

A. 阴极区　　　　　　　　B. 阳极区　　　　　　　C. 弧柱中心

890. 设备焊补后进料或进气的时间应是(　　)。

A. 焊补后立即进行　　　　B. 必须待完全冷却后进行　　C. 等三天后进行

891. 由于利用厂房的金属结构、管道等或其他金属物搭接作为焊接回路而发生的触电事故属于(　　)。

A. 直接电击　　　　　　　B. 间接电击　　　　　　C. 双相触电

892. 氩弧焊若采用钍钨棒作电极时,应将钍钨棒存放在(　　)。

A. 铁盒内　　　　　　　　B. 铅盒内　　　　　　　C. 本盒内

893. 发生火灾时,应先(　　)。

A. 灭火　　　　　　　　　B. 救人　　　　　　　　C. 救物

894. 焊条电弧焊安全操作技术规定:禁止露天作业的天气是(　　)。

A. 晴天　　　　　　　　　B. 雨天　　　　　　　　C. 夏天

895. 人体触及带电体时,电流由带电体经人体、大地形成回路,从而导致人体遭电击的触电是(　　)。

A. 单相触电　　　　　　　B. 双相触电　　　　　　C. 直接接触

896. 一般检修动火,动火时间一次都不得超过(　　)。

A. 半天　　　　　　　　　B. 一天　　　　　　　　C. 二天

897. 在容器内部作业时,为防止触电应(　　)。

A. 加强通风　　　　　　　B. 做好绝缘防护　　　　C. 打开孔盖

898. 在阴雨天、潮湿地焊接,所发生的触电事故,称为(　　)。

A. 一般电击　　　　　　　B. 直接电击　　　　　　C. 间接电击

899. 乙炔与空气混合燃烧时产生的火焰温度约(　　)。

A. 2 000 ℃　　　　　　　B. 2 350 ℃　　　　　　C. 2 550 ℃

900. 当现场有违反焊割"十不烧"时,焊工( )。

A. 应听从领导指挥　　　　B. 有权拒绝焊割　　　　C. 焊割时小心些

901. 如需动火的设备处于禁火区内,必须按禁火区的动火管理规定( )。

A. 由主管设备管理部门领导同意

B. 办理动火申请手续

C. 动火时要有两个人

902. 目前,我国生产的直流弧焊机的空载电压不高于:( )

A. 70 V　　　　　　　　　B. 85 V　　　　　　　　C. 90 V

903. 国产手弧焊机的空载电压在( )。

A. 50~90 V　　　　　　　B. 70~110V　　　　　　C. 110~220 V

904. 搬移氧气瓶时,应( )。

A. 放在地上任意滚动

B. 放在地上滚动注意别压伤人

C. 用专用小车

905. 乙炔与空气混合燃烧时,产生的火焰温度为:( )

A. 2 000 ℃　　　　　　　B. 2 350 ℃　　　　　　C. 2 800 ℃

906. 根据国家标准规定,乙炔胶管允许工作压力为:( )

A. 1.5 MPa　　　　　　　B. 0.3 MPa　　　　　　C. 0.1 MPa

907. 下列各种焊接方法中,产生辐射、燥声、金属粉尘、臭氧、氮氧化物最多的是( )。

A. 二氧化碳焊　　　　　　B. 氩弧焊　　　　　　　C. 等离子弧焊接与切割

908. 电弧辐射对皮肤和眼睛造成伤害的射线是( )。

A. 紫外线　　　　　　　　B. 红外线　　　　　　　C. 可见光

909. 焊接作业场所防暑降温的重要技术措施是( )。

A. 含盐清凉饮料　　　　　B. 加强通风设施　　　　C. 喷淋

910. 若将易燃易爆管道当作焊接回路使用,会造成的事故是( )。

A. 触电　　　　　　　　　B. 火灾、爆炸　　　　　C. 中毒

911. CO_2 气体保护焊接时,飞溅( )。

A. 较小　　　　　　　　　B. 一般　　　　　　　　C. 较大

912. 当弧焊变压器过载、变压器绕组短路时,会造成的故障是( )。

A. 弧焊变压器过热　　　　B. 焊接电流不稳定　　　C. 导线接触处过热

913. 当电流从左手到脚的途径是( )。

A. 危险性较小的　　　　　B. 最危险的　　　　　　C. 最安全的

914. 乙炔瓶的涂漆颜色为( )。

A. 白色　　　　　　　　　B. 灰色　　　　　　　　C. 黑色

915. 当现场作业违反焊割"十不烧"时,焊工应( )。

A. 听领导的　　　　　　　B. 拒绝焊割　　　　　　C. 边焊割,边向领导汇报

916. 下列弧焊电源中,具有高效节能的焊机是( )。

A. 弧焊发电机　　　　　　B. 弧焊变压器　　　　　C. 逆变焊机

917. 蒸汽锅炉、压缩气体钢瓶、油桶等超压后的爆炸都属于( )。

A. 化学爆炸　　　　　　　B. 物理爆炸　　　　　　　C. 核爆炸

918. 各弧焊机、设备间及弧焊机与墙间、通道的宽度至少应留（　　）。

A. 0.5 m　　　　　　　　B. 1 m　　　　　　　　　C. 2 m

919. 不能与氧气瓶同车运输的是：（　　）

A. 氩气瓶　　　　　　　　B. 可燃气体的气瓶　　　　C. 氮气瓶

920. 为防止火灾、爆炸事故，焊接作业处（　　）内不得有可燃物、易燃易爆物。

A. 5 m　　　　　　　　　B. 10 m　　　　　　　　C. 15 m

921. 从业人员要求获得符合国家标准或行业标准的劳动保护用品是（　　）。

A. 有权的　　　　　　　　B. 无权的　　　　　　　　C. 可给可不给

922. 各种气体、液体蒸气及粉尘与空气混合后形成的爆炸属于（　　）。

A. 化学爆炸　　　　　　　B. 物理爆炸　　　　　　　C. 核爆炸

923. 弧焊机着火可使用的灭火器有（　　）。

A. 化学泡沫灭火器　　　　B. 酸碱灭火器　　　　　　C. 干粉灭火器

924. 在进入容器、狭小舱室内作业时，焊割炬应（　　）。

A. 在工作结束后拉出　　　B. 随人进出　　　　　　　C. 任意处置

925. 乙炔瓶的工作压力是（　　）。

A. 1 470 kPa　　　　　　B. 147 kPa　　　　　　　C. 180 kPa

926. 氩弧焊时用氩气作保护气体，氩气是：（　　）

A. 氧化性气体　　　　　　B. 惰性气体　　　　　　　C. 还原性气体

927. 触电时，使人呼吸麻痹，心脏开始颤动，发生昏迷，并出现致命的电灼伤的电流为（　　）。

A. 8 ~ 10 m　　　　　　　B. 20 ~ 25 m　　　　　　C. > 50 m

928. 当弧焊发电机的三相保险丝中某一相熔断或电动机定子线圈短路，会造成的故障是（　　）。

A. 电动机反转

B. 电动机不起动并发出嗡嗡声

C. 焊机过热

929. 乙炔瓶与明火的距离一般不小于（　　）。

A. 5 m　　　　　　　　　B. 10 m　　　　　　　　C. 15 m

930. 碳弧气刨时使用的工作气体是（　　）。

A. CO_2　　　　　　　　B. 压缩空气　　　　　　　C. 氢气

931. 为去除焊接过程中产生的有害物质，通风往往是唯一可行的措施。通风效果比较显著的是采用（　　）。

A. 全面性通风　　　　　　B. 局部性通风　　　　　　C. 自然通风

932. 割炬型号 G01 - 30 中，G 表示（　　）。

A. 焊炬　　　　　　　　　B. 割炬　　　　　　　　　C. 焊钳

933. 在弧焊机的供电线路上都应接有合乎规定的（　　）。

A. 泄压装置　　　　　　　B. 熔断保险器　　　　　　C. 安全膜

934. 物质急剧氧化或分解促使其温度或压力增加或两者同时增加而形成的爆炸现象称（　　）。

A.物理爆炸 　　　　B.化学爆炸 　　　　C.核爆炸

935.乙炔瓶阀冻结时,解冻方法是(　　)。

A.用明火烘烤 　　　B.用40℃以下温水解冻 　C.用小锤敲打

936.碳弧气刨在露天作业时,操作方向应(　　)。

A.顺风向 　　　　　B.逆风向 　　　　　C.任意

937.乙炔燃烧时,绝对禁用的灭火是(　　)。

A.干粉灭火 　　　　B.四氯化碳灭火 　　　C.二氧化碳灭火

938.触及电弧焊设备正常运行的带电体、接线柱等,发生的触电事故称为(　　)。

A.直接电击 　　　　B.间接电击 　　　　C.双向触电

939.阻止空气流入燃烧区,或用不燃物质冲淡空气,使燃烧物质断绝氧气的助燃而熄灭的方法称(　　)。

A.隔离灭火法 　　　B.窒息灭火法 　　　C.抑制灭火法

940.所谓登高作业是焊工操作时离地面(　　)。

A.1 m以上 　　　　B.2 m以上 　　　　C.3 m以上

941.目前,我国生产的交流弧焊机的空载电压不高于(　　)。

A.70 V 　　　　　B.85 V 　　　　　C.90 V

942.企业在禁火区内动火,一般实行(　　)。

A.一级审批制 　　　B.二级审批制 　　　C.三级审批制

三、是非题答案

1.B 2.B 3.A 4.A 5.B 6.B 7.A 8.A 9.B 10.A 11.B 12.B 13.B
14.B 15.B 16.A 17.A 18.B 19.A 20.A 21.B 22.A 23.B 24.A 25.A
26.A 27.A 28.B 29.B 30.A 31.A 32.A 33.A 34.B 35.A 36.B 37.B
38.A 39.B 40.A 41.A 42.B 43.B 44.B 45.A 46.A 47.B 48.A 49.B
50.B 51.A 52.B 53.A 54.B 55.B 56.A 57.A 58.A 59.A 60.B 61.A
62.B 63.B 64.A 65.A 66.A 67.A 68.A 69.A 70.A 71.A 72.A 73.B
74.A 75.B 76.A 77.B 78.A 79.B 80.A 81.B 82.B 83.A 84.A 85.B
86.B 87.A 88.A 89.A 90.B 91.A 92.A 93.B 94.A 95.A 96.A 97.A
98.A 99.A 100.A 101.B 102.B 103.A 104.B 105.A 106.B 107.A 108.B
109.B 110.A 111.A 112.A 113.A 114.B 115.B 116.B 117.A 118.B 119.A
120.B 121.A 122.A 123.A 124.A 125.A 126.A 127.A 128.B 129.B 130.A
131.A 132.B 133.B 134.B 135.B 136.B 137.A 138.A 139.A 140.A 141.A
142.A 143.B 144.A 145.A 146.A 147.A 148.A 149.A 150.A 151.A 152.B
153.A 154.A 155.A 156.A 157.A 158.A 159.B 160.A 161.A 162.B 163.A
164.B 165.A 166.B 167.A 168.B 169.A 170.B 171.A 172.A 173.B 174.A
175.B 176.B 177.A 178.A 179.A 180.A 181.B 182.B 183.A 184.B 185.B
186.B 187.A 188.A 189.A 190.B 191.A 192.A 193.A 194.A 195.B 196.A
197.B 198.A 199.A 200.B 201.A 202.A 203.A 204.B 205.A 206.A 207.A
208.A 209.A 210.B 211.A 212.B 213.B 214.B 215.A 216.A 217.A 218.B
219.A 220.B 221.B 222.A 223.B 224.A 225.B 226.B 227.A 228.B 229.A

230. A　231. B　232. B　233. B　234. B　235. B　236. A　237. A　238. B　239. A　240. A

241. A　242. B　243. A　244. B　245. B　246. A　247. A　248. A　249. B　250. A　251. B

252. B　253. A　254. A　255. B　256. A　257. B　258. A　259. A　260. A　261. A　262. B

263. B　264. B　265. A　266. A　267. A　268. B　269. B　270. B　271. A　272. B　273. A

274. A　275. B　276. A　277. B　278. A　279. A　280. A　281. A　282. A　283. B　284. B

285. B　286. A　287. B　288. A　289. A　290. B　291. B　292. A　293. B　294. A　295. B

296. B　297. B　298. A　299. B　300. A　301. B　302. A　303. A　304. B　305. A　306. B

307. A　308. A　309. A　310. B　311. A　312. B　313. A　314. A　315. A　316. A　317. B

318. B　319. A　320. B　321. A　322. A　323. B　324. A　325. B　326. B　327. B　328. A

329. A　330. B　331. A　332. A　333. B　334. A　335. B　336. B　337. B　338. A　339. B

340. A　341. A　342. A　343. A　344. B　345. A　346. B　347. B　348. A　349. B　350. B

351. A　352. A　353. B　354. A　355. B　356. A　357. B　358. B　359. A　360. B　361. B

362. A　363. A　364. B　365. A　366. A　367. A　368. A　369. A　370. B　371. B　372. A

373. A　374. A　375. B　376. B　377. B　378. B　379. B　380. B　381. B　382. B　383. A

384. A　385. B　386. B　387. A　388. B　389. A　390. B　391. A　392. B　393. A　394. B

395. B　396. A　397. B　398. B　399. B　400. A　401. B　402. A　403. A　404. A　405. B

406. A　407. A　408. B　409. A　410. B　411. B　412. A　413. A　414. B　415. B　416. B

417. A　418. B　419. A　420. B　421. A　422. A　423. A　424. B　425. A　426. A　427. A

428. A　429. A　430. A　431. A　432. B　433. A　434. B　435. A　436. A　437. B　438. A

439. A　440. B　441. B　442. B　443. A　444. A　445. A　446. A　447. A　448. A　449. A

450. B　451. A　452. B　453. A　454. B　455. B　456. A　457. B　458. B　459. A　460. A

461. B　462. B　463. A　464. A　465. A　466. B　467. A　468. A　469. A　470. A　471. A

472. A　473. A　474. A　475. A　476. A　477. A　478. A　479. A　480. A　481. A　482. A

483. A　484. B　485. A　486. A　487. A　488. A　489. A　490. A　491. B　492. A　493. B

494. A　495. B　496. A　497. B　498. A　499. A　500. B　501. A　502. A　503. A　504. A

505. A　506. A　507. B　508. A　509. A　510. B　511. A　512. A　513. A　514. A　515. A

516. A　517. A　518. B　519. A　520. A　521. A　522. B　523. A　524. A　525. B　526. A

527. B　528. A　529. A　530. A　531. A　532. A　533. A　534. B　535. B　536. A　537. A

538. B　539. B　540. A　541. A　542. A　543. A　544. A　545. A　546. A　547. A　548. A

549. A　550. A　551. A　552. A　553. B　554. B　555. B　556. A　557. B　558. A　559. A

560. A　561. A　562. B　563. B　564. A　565. A

四、选择题答案

566. C　567. C　568. A　569. A　570. B　571. A　572. C　573. A　574. B　575. B　576. B

577. C　578. C　579. C　580. C　581. B　582. C　583. B　584. C　585. A　586. A　587. A

588. C　589. C　590. A　591. B　592. C　593. A　594. B　595. B　596. A　597. A　598. C

599. A　600. A　601. C　602. B　603. C　604. B　605. C　606. B　607. B　608. A　609. A

610. A　611. A　612. A　613. A　614. B　615. B　616. A　617. B　618. A　619. C　620. C

621. C　622. B　623. C　624. B　625. A　626. C　627. C　628. B　629. A　630. B　631. B

632. A　633. C　634. C　635. A　636. C　637. C　638. B　639. A　640. A　641. B　642. B

643. C 644. C 645. B 646. C 647. A 648. C 649. B 650. B 651. A 652. C 653. C
654. A 655. C 656. B 657. C 658. C 659. B 660. B 661. B 662. B 663. B 664. A
665. C 666. C 667. A 668. B 669. A 670. C 671. A 672. B 673. C 674. A 675. B
676. A 677. C 678. C 679. A 680. C 681. A 682. B 683. A 684. C 685. C 686. B
687. B 688. B 689. A 690. A 691. C 692. A 693. A 694. A 695. B 696. A 697. C
698. B 699. A 700. B 701. C 702. C 703. A 704. C 705. C 706. A 707. A 708. B
709. C 710. C 711. C 712. A 713. B 714. A 715. B 716. A 717. C 718. A 719. C
720. B 721. B 722. A 723. C 724. B 725. B 726. A 727. B 728. A 729. C 730. A
731. B 732. C 733. C 734. B 735. A 736. C 737. A 738. B 739. C 740. C 741. C
742. B 743. B 744. C 745. C 746. A 747. C 748. A 749. C 750. B 751. B 752. A
753. C 754. C 755. C 756. C 757. B 758. A 759. B 760. C 761. B 762. C 763. B
764. B 765. B 766. B 767. A 768. B 769. C 770. B 771. A 772. B 773. C 774. A
775. B 776. C 777. C 778. A 779. C 780. A 781. B 782. B 783. B 784. A 785. C
786. B 787. B 788. C 789. B 790. C 791. A 792. C 793. C 794. A 795. B 796. C
797. A 798. C 799. B 800. C 801. B 802. A 803. A 804. B 805. C 806. C 807. C
808. A 809. C 810. A 811. C 812. A 813. B 814. C 815. B 816. B 817. B 818. B
819. A 820. B 821. A 822. B 823. C 824. C 825. B 826. A 827. B 828. A 829. B
830. A 831. B 832. B 833. C 834. A 835. A 836. A 837. C 838. B 839. A 840. C
841. B 842. A 843. A 844. B 845. C 846. C 847. B 848. A 849. A 850. C 851. B
852. C 853. A 854. A 855. B 856. B 857. B 858. B 859. B 860. A 861. B 862. C
863. B 864. A 865. B 866. B 867. A 868. B 869. B 870. C 871. B 872. B 873. B
874. C 875. B 876. B 877. C 878. C 879. C 880. A 881. A 882. A 883. A 884. C
885. B 886. B 887. B 888. A 889. C 890. B 891. B 892. B 893. B 894. B 895. A
896. B 897. B 898. B 899. B 900. B 901. B 902. C 903. A 904. C 905. B 906. B
907. C 908. A 909. B 910. B 911. C 912. A 913. B 914. A 915. B 916. C 917. B
918. B 919. B 920. B 921. A 922. A 923. C 924. B 925. A 926. B 927. C 928. B
929. B 930. B 931. B 932. B 933. B 934. B 935. B 936. A 937. B 938. A 939. B
940. B 941. B 942. C

第四部分　熔化焊接与热切割实际操作考试题目汇编

一、公共部分

禁止启动

禁止攀登

禁止通行

紧急出口指示

必须穿防护鞋

必须戴安全帽

当心火灾

当心触电

当心坠落

禁止合闸

禁止靠近

禁止入内

必须戴防护手套

必须系安全带

注意安全

当心爆炸

当心电缆

防弧光、焊渣的护目镜

防焊渣、火花的平光镜

手持式电焊面罩

头戴式电焊面罩

防尘口罩

长管防毒面具

过滤式防毒面具

脚盖

电焊工白帆布工作服

电焊气割用工作鞋

电焊工作手套

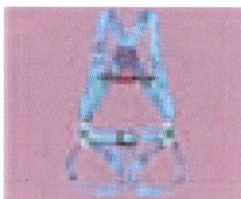

保险带

焊工无操作证,又没有正式焊工在场指导,不能焊割

凡属一、二、三级动火范围的作业,未经审批不得擅自焊割

不了解作业现场及周围情况,不能盲目焊割

不了解焊割物内部是否安全,不能盲目焊割

盛装过易燃、易爆、有毒物质的各种容器,未经彻底清洗,不能焊割

用可燃材料做保温层的部位和设备,未采取可靠的安全措施,不能焊割

有压力或密封的容器、管道不能焊割

附近堆有易燃易爆物品,在未彻底清理或采取有效的安全措施前,不能焊割

与外单位相接触,未弄清有否影响,或明知危险未采取有效的安全措施,不能焊割

作业场所附近有与明火抵触的工种在施工，不能焊割

在锅炉、容器内，若没有专人监护和没有安全措施，不能焊割

雨天露天作业，没有可靠的安全措施，不能焊割

二、电焊部分

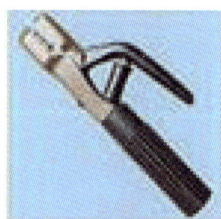

电焊钳

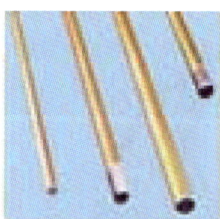

碳棒

熔断器

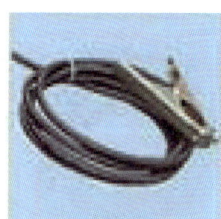

焊接回线钳

空气开关

触电保护器

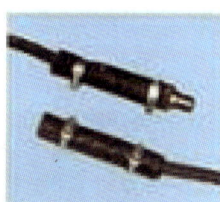

快速接头

清焊渣的尖头锤

碳弧气刨枪

铁壳负荷开关

电焊机专用开关箱

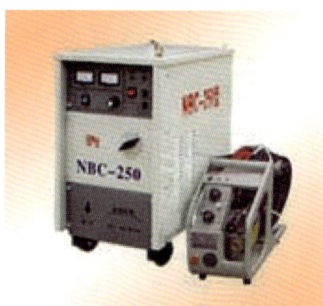

半自动二氧化碳气体保护焊机

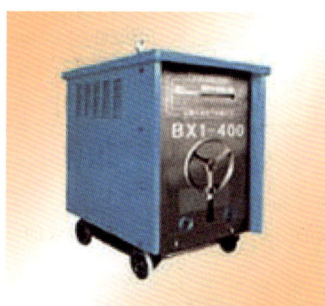

弧焊变压器

弧焊整流器

直流弧焊发电机

电焊条保温筒

焊条烘箱

氩弧焊枪

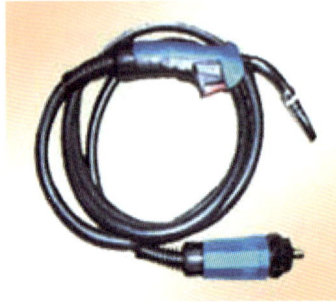

CO_2气体保护焊枪

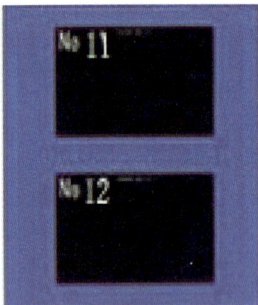

>350 A
电焊作业中为了保护眼睛，电流>350 A的焊接时，请选择合适的护目镜片

100~350 A
电焊作业中为了保护眼睛，电流为100~350 A的焊接时，请选择合适的护目镜片

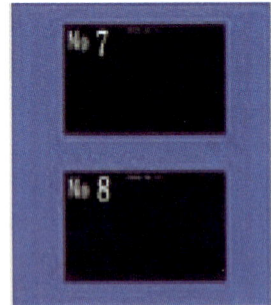

<100 A
电焊作业中为了保护眼睛，电流<100 A的焊接时，请选择合适的护目镜片

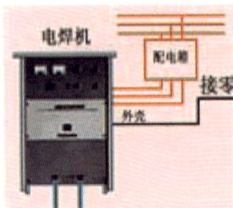

正确的

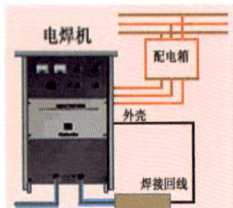

错误的

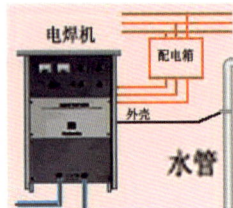

错误的

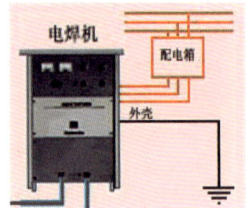

正确的

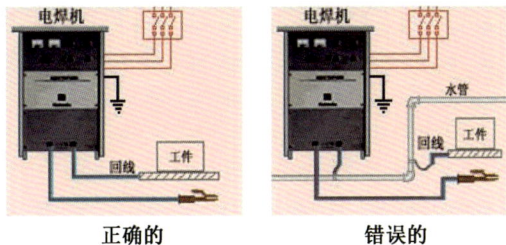

正确的　　　　　　　　错误的

三、故障排除

故障：弧焊发电机电动机反转。

排除：电刷和铜头接触不良——使电刷与铜头接触良好。

三相电动机与电网接线错误——三相线中任意两相调换。√

三相保险丝中某一相熔断——更换新保险丝。

故障：弧焊发电机电动机不启动并发出嗡嗡声

排除：焊机过载——减小焊接电流。

电源线误碰机壳——消除触碰机壳处。√

三相保险丝中某一相熔断——更换新保险丝。√

电动机定子线圈断路——消除断路处。

故障：弧焊发电机焊接过程中电流忽大忽小。

排除：电缆与焊件接触不良——使电缆线与焊件接触良好。√

三相电动机与电网接线错误——任意两相调换。

电流调节器可动部分松动——固定电流调节器松动部分。√

电刷和铜头接触不良——使电刷与铜头接触良好。√

故障：弧焊发电机焊机过热。

排除：焊机过载——减小焊接电流。√

电枢线圈短路——消除短路处。√

电枢线圈断路——消除断路处。

换向器短路——消除短路处。√

换向器脏污——清理换向器去除污垢。√

故障：弧焊发电机导线接触处过热。

排除：接触处接触电阻过大——将接线松开，用砂纸清理接触处。√

接线处螺丝过松——旋紧接线处螺母。√

焊机过载——减小焊接电流。

三相保险丝中某一相熔断——更换新保险丝。

故障：弧焊变压器机壳漏电。

排除：电源线误碰机壳——检查并消除触碰机壳处。√

变压器、电抗器、风扇及控制线路元件等碰机壳——消除触碰处。√

未接地线或接地不良——检查并接牢接地线。√

电源电压过低——调高电源电压。

故障：弧焊变压器电流调节失灵。

排除：控制线组短路——消除短路处。√

控制回路接触不良——使接触良好。√

控制回路元件击穿——检修并更换元件。√
主回路全部短路——修复线路。
未接地线或接地不良——检查并接牢接地线。
故障:弧焊变压器空载电压过低。
排除:电源电压过低——调高电源电压。√
　　　变压器绕组短路——消除短路处。√
　　　变压器绕组断路——消除断路处。√
　　　主回路熔断器熔断——更换熔断器。

　　工作结束电焊钳及工具乱放——工作结束电焊钳及工具要及时收好。
　　电焊电缆连接头多——电焊电缆连接头不能超过 2 个,更换。
　　电焊电缆混乱——电焊电缆要理顺,营造安全的工作环境。

　　电焊电缆背在身上烧电焊——电焊作业时不能电焊电缆背在身上。

　　电焊机电源线太长——若电源线太长必须架空。
　　电焊机靠墙太近——电焊机与墙应留有至少 1 m 的通道。

　　电焊机二次端电缆接头无罩——将电焊机二次端电缆接头的罩盖罩好。电焊靠墙太近——电焊机与墙应留有至少 1 m 的通道。

登高焊接作业没有安全措施——登高焊接作业必须戴安全带。

烧电焊不用电焊面罩，不穿电焊工作服——电焊作业应穿电焊工作服、用电焊面罩。

电焊作业旁有与明火相抵触的油桶——有易燃油桶不能电焊作业，清除。

登高焊接作业使用手持电焊面罩——登高焊接作业必须使用头戴式电焊面罩。

登高焊接作业未戴安全带——登高焊接作业佩戴安全带，高挂低用。

电焊作业未穿电焊工作服等防护用品——电焊作业必须穿电焊工作服等防护用品。

安全帽佩戴不正确——安全帽的系带要系好。

电焊作业旁有与明火相抵触的油漆作业——"有与明火相抵触的油漆作业不能电焊作业。

碳弧气刨作业，口罩不正确——碳弧气刨作业时应戴专用防尘口罩。

登高焊接作业未戴安全带——登高焊接作业佩戴安全带,高挂低用。

登高焊接作业,站立地方不稳固——搭脚手架。

狭小舱室焊接作业没有通风装置——配置通风装置。

狭小舱室焊接作业未派监护人——在舱室外派监护人。

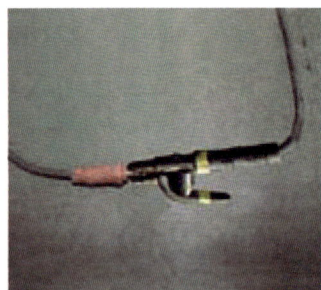

用电焊钳替代快速接头——电焊电缆连接要用快速接头。

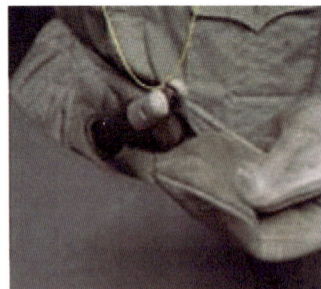

佩戴金属项链进行电焊作业——电焊作业时应取下金属饰品,以免触电事故。

头枕保温筒在狭小空间中电焊作业——不能头枕保温筒等金属物进行电焊作业。

在金属地板卧倒电焊作业没有安全措施——在金属地板卧倒进行电焊必需垫好绝缘垫。

电焊作业戴手套不正确——电焊作业应戴电焊手套。

四、气焊气割部分

割炬割嘴

乙炔气瓶阀

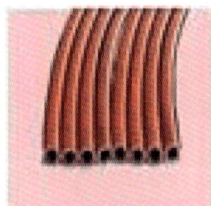

乙炔胶管

胶管喉箍

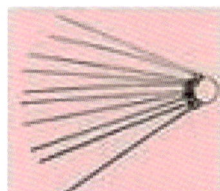

割炬和焊炬通针

乙炔回火防止器

氧气瓶固定帽

氧气瓶阀

焊炬焊嘴

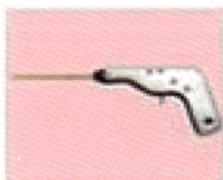

点火枪

氧气胶管

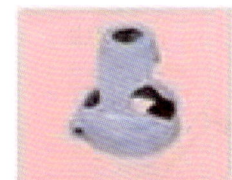

乙炔瓶固定帽

氧气瓶安全帽

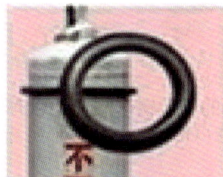

气瓶防震圈

氧气减压器

乙炔气减压器

氧气瓶

乙炔分配器

半自动气割机

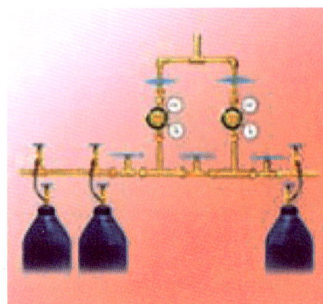

氧气汇流排

乙炔气瓶

液化气瓶

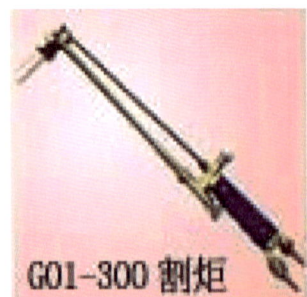

切割厚度为100~300 mm的低碳钢，请正确选用割炬。（应选：G01-300割炬）

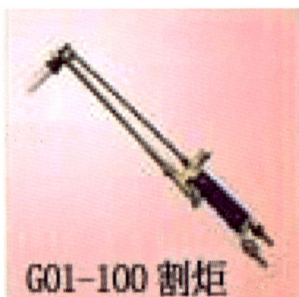

切割厚度为30~100 mm的低碳钢，请正确选用割炬。（应选：G01-100割炬）

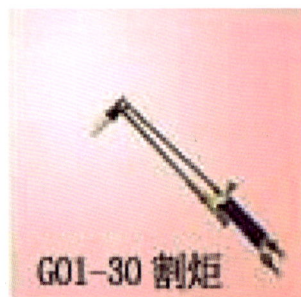

切割厚度为<30 mm的低碳钢，请正确选用割炬。（应选： G01-30割炬）

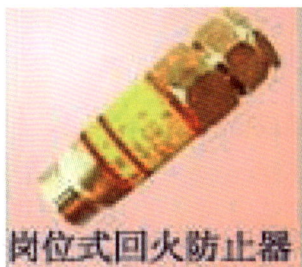
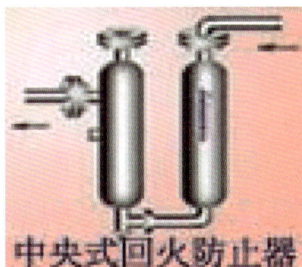

在进车间的乙炔气供气管道的中间必需安装回火防止器,请选一正确的回火防止器类型。(车间的乙炔气供气管道应使用中央式。)

正确的　　　　　　　　　　**错误的**

"为了安全使用氧气瓶,请选择一正确的操作方法。"

五、故障排除

故障:乙炔压力表有压力,但出气阀无乙炔气输出。

排除:乙炔压力表损坏——修理或更换。

回火保险器进气口的单向逆止阀(玻璃球)与阀体阻塞——消除阻塞,使(玻璃球)能灵活跳动。√

阀门开启不足——加大阀门开启程度。

故障:出气阀放出的是大量的水而不是乙炔气。

排除:储气桶直角导管漏水——检查贮气桶直角导管是否漏水。√

乙炔阀门损坏——修理或更换。

回火保险器的水位过高——回火保险器的水位应正确。√

超出发生器额定生产量——不要超出发生器的额定生产量。√

故障:安全阀超出极限压力不泄压。

排除:阀座与闭泄圈粘合——左右摆动回火防止器柄,使闭泄圈与阀座脱开。√

回火保险器的水位过高——调整至正确的水位。

调节螺丝过紧——调节压紧弹簧松紧。顺时针增压,逆时针减压。√

调节螺丝过紧——调节压紧弹簧松紧。逆时针增压,顺时针减压。

故障:安全膜未达到规定范围提前爆破。

排除:安全膜擦伤受损或腐蚀——安全膜坏时进行更换。

超出发生器额定生产量——不要超出发生器的额定生产量。

安全膜擦伤受损或腐蚀——安全膜必须定期进行更换。√

故障:减压器联接部分漏气。

排除:螺纹配合松动——把螺帽扳紧。√

　　　　垫圈损坏——更换垫圈。√

　　　　压力表损坏——修理或更换。

故障:安全阀漏气。

排除:活门垫料与弹簧产生变形——调整弹簧或更换活门垫料。√

　　　　阀门开启不足——加大阀门开启程度。

　　　　阀门开启过大——减小阀门开启程度。

故障:减压器使用时,遇到压力下降过大。

排除:减压活门副密封有垃圾——除垃圾和。√

　　　　压力表损坏——修理或更换。

　　　　阀门开启不足——加大阀门开启程度。

　　　　减压活门副密封不良——调换密封垫料。√

故障:高、低压力表指针不回到零值。

排除:压力表不回零可以正常使用。

　　　　压力表损坏——修理或更换。√

　　　　乙炔瓶没有戴安全帽——乙炔瓶运输时应装安全帽。

　　　　乙炔瓶在地上拖动——乙炔瓶竖立搬运,不能拖动。

　　　　没有安全瓶帽——气瓶运输时要装安全瓶帽。

　　　　氧乙炔瓶用叉车同车搬运——应使用专用小车分别搬运。

　　　　用氧气吹身体——切勿乱用氧气,可能引发燃烧爆炸。

　　　　氧气瓶没有固定牢靠——使用托架,以防歪倒。

登高扶梯没有防滑——梯脚应包好橡皮防滑。

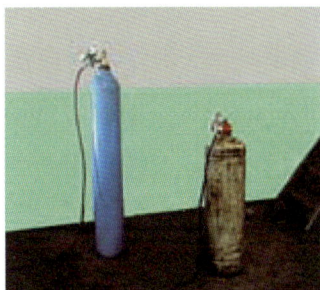

氧气瓶、乙炔瓶混放一起——氧气瓶、乙炔瓶要>5 m的距离。

氧乙炔瓶没有固定牢靠——气瓶要固定牢靠,以防歪倒。

氧乙炔瓶同小车使用,距离近——氧乙炔瓶不能同车使用,应相距5 m以上。

乙炔卧倒使用——乙炔瓶应竖立使用。

将燃烧的割炬随意搁置——不用时要关闭氧乙炔阀门。

氧乙炔胶管与割炬的连接没有夹牢——氧乙炔胶管与割炬的连接可用喉箍夹牢。

工作结束后氧乙炔气管放在狭小的作业空间。——工作结束后应清理现场,收回胶管圈好。

用胶管弯折打结来防止燃气泄漏——工作结束后应先关闭气阀,再拆下割炬。

不用时,割炬放在容器内——在容器内气割作业,割炬应随人进出。

气割作业环境中有油渍——气割作业时应清理环境中的可燃物。

戴有油脂的手套移动氧气瓶——氧气瓶嘴沾有油脂会引起燃烧爆炸,必须戴干净手套。

乙炔瓶与气割作业处距离太近——乙炔瓶不但要远离明火,应大于 10 m。

未戴安全帽——应戴好安全帽。

作业场地周围有油筒——气割气焊作业应清除易燃、易爆物品,或有隔离措施。

作业人员没有带安全帽——作业人员带好安全帽。

用打火机点火——应该用专用点火枪。

点火时割嘴朝着人——点火时割嘴不能朝着人的方向。

用香烟来点火——应该用专用点火枪。

六、消防与触电急救

乙炔气着火

A.泡沫灭火器　　　B.干粉灭火器

丙酮着火

A.水型灭火器　　　B.泡沫灭火器

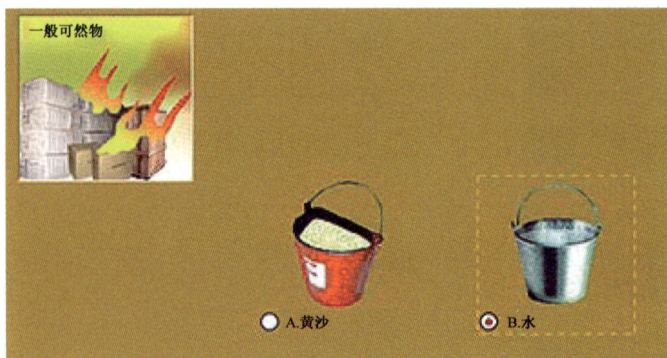

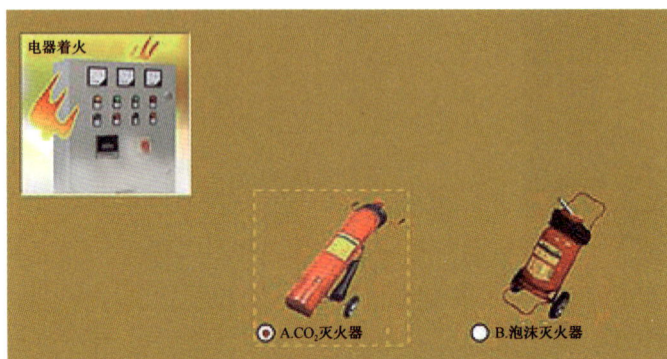

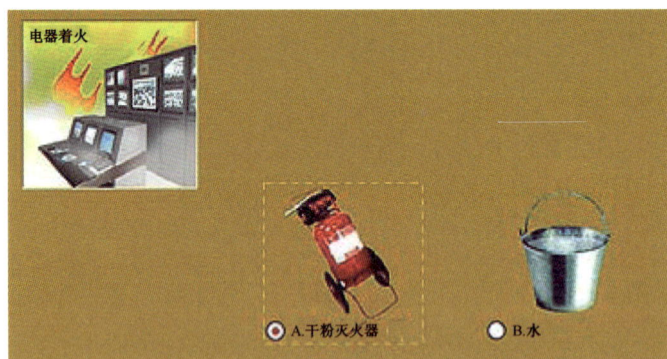

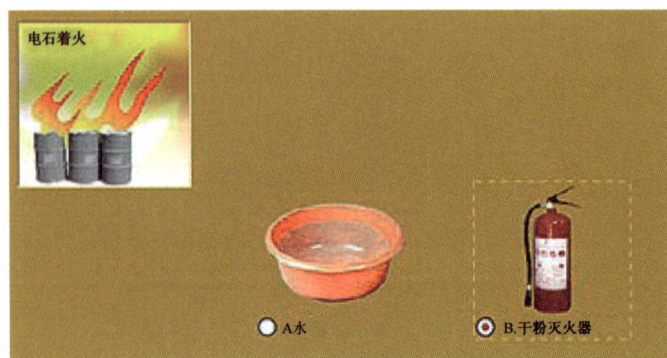

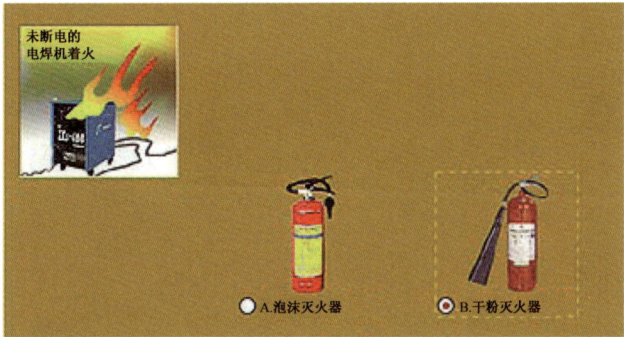

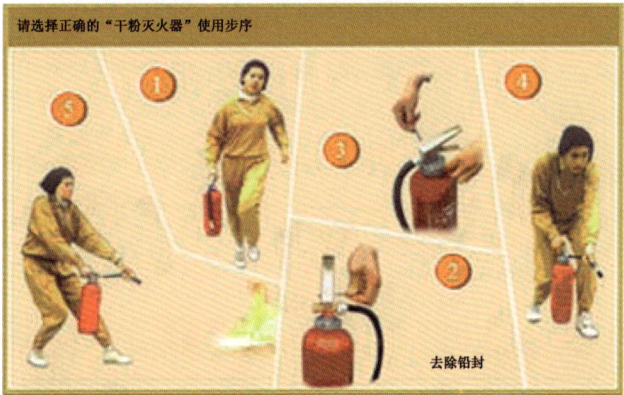

请选择正确的"二氧化碳灭火器"使用步序

触电急救:"有心跳,无呼吸"。

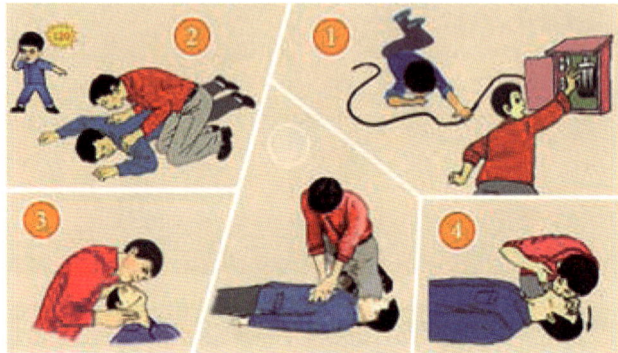

触电急救:"无心跳,无呼吸"。

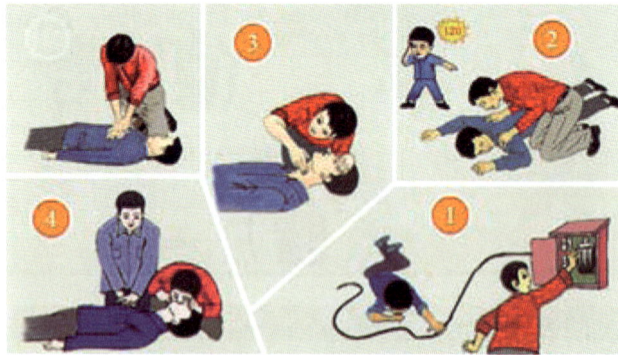

触电急救:"无心跳,有呼吸"。

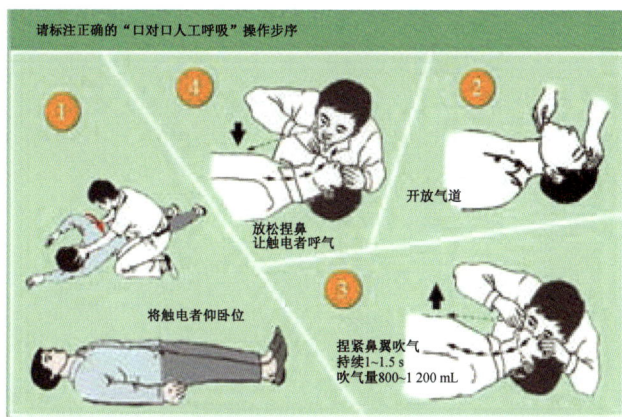

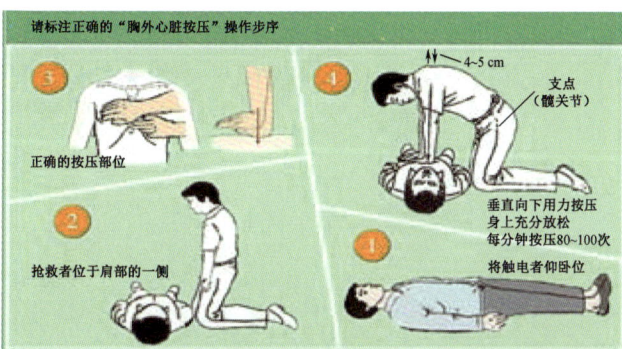

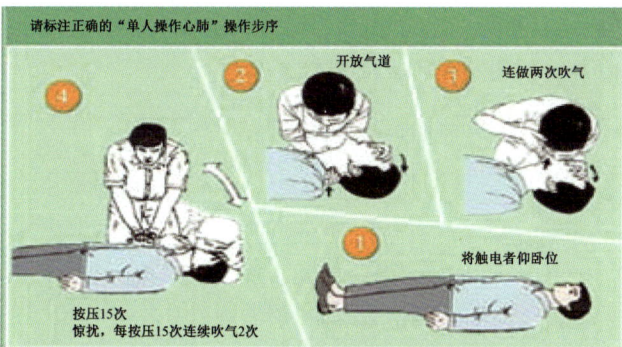

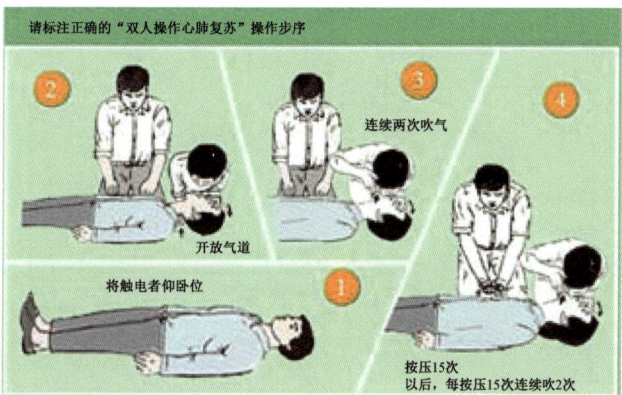